MATERIAIS CONCRETOS PARA O ENSINO DE MATEMÁTICA
NOS ANOS FINAIS DO ENSINO FUNDAMENTAL

Líliam Maria Born

Paulo Martinelli

MATERIAIS CONCRETOS PARA O ENSINO DE MATEMÁTICA
NOS ANOS FINAIS DO ENSINO FUNDAMENTAL

2ª edição
revista e atualizada

Rua Clara Vendramin, 58 . Mossunguê . CEP 81200-170 . Curitiba . PR . Brasil
Fone: (41) 2106-4170 . www.intersaberes.com . editora@intersaberes.com

Conselho editorial – *Dr. Alexandre Coutinho Pagliarini*
Drª Elena Godoy
Dr. Neri dos Santos
Mª Maria Lúcia Prado Sabatella

Editora-chefe – *Lindsay Azambuja*

Gerente editorial – *Ariadne Nunes Wenger*

Assistente editorial – *Daniela Viroli Pereira Pinto*

Edição de texto – *Arte e Texto Edição e Revisão de Textos Monique Gonçalves*

Capa – *Charles L. da Silva* (design)
Faraz Hyder Jafri/Shutterstock (imagem)

Projeto gráfico – *Bruno Palma e Silva*

Diagramação – *Bruno Palma e Silva*

Designer responsável – *Charles L. da Silva*

Iconografia – *Regina Claudia Cruz Prestes*

Dados Internacionais de Catalogação na Publicação (CIP)
(Câmara Brasileira do Livro, SP, Brasil)

Born, Líliam Maria
   Materiais concretos para o ensino de Matemática nos anos finais do ensino fundamental / Líliam Maria Born, Paulo Martinelli. -- 2. ed. rev. e atual. -- Curitiba, PR: InterSaberes, 2024. -- (Série matemática em sala de aula)

   Bibliografia.
   ISBN 978-85-227-0787-4

   1. Ensino – Meios auxiliares 2. Matemática – Estudo e ensino 3. Prática de ensino I. Martinelli, Paulo. II. Título. III. Série.

23-170395   CDD-510.7

Índice para catálogo sistemático:
1. Matemática: Estudo e ensino 510.7

Cibele Maria Dias – Bibliotecária – CRB-8/9427

1ª edição, 2016.
2ª edição – revista e atualizada, 2024.

Foi feito o depósito legal.

Informamos que é de inteira responsabilidade dos autores a emissão de conceitos.

Nenhuma parte desta publicação poderá ser reproduzida por qualquer meio ou forma sem a prévia autorização da Editora InterSaberes.

A violação dos direitos autorais é crime estabelecido na Lei n. 9.610/1998 e punido pelo art. 184 do Código Penal.

Sumário

Agradecimentos 11

Apresentação 15

Como aproveitar ao máximo este livro 17

1 O ensino de Matemática para o século XXI 21

    1.1   Desenvolver competências: a base 21

    1.2   E assim se fez a matemática 24

    1.3   As tendências no ensino de Matemática: do século XX para o século XXI 31

    1.4   A BNCC e o ensino da Matemática no Brasil 41

    1.5   Discussão sobre o uso de materiais manipuláveis no ensino de Matemática 44

2 O desenvolvimento e a formação do pensamento matemático 55

    2.1   O que é *conhecer* para Piaget? 56

    2.2   Características gerais dos alunos dos anos finais do ensino fundamental 60

2.3 Contribuições da teoria de Piaget para a compreensão da formação do pensamento matemático 61

2.4 Contribuições da teoria de Vygotsky para a compreensão da formação do pensamento matemático 65

2.5 Matemática, BNCC, Piaget, Vygotsky: aproximações 69

3 A expressão gráfica no ensino de Matemática 77

3.1 O que é expressão gráfica? 78

3.2 A expressão gráfica e o ensino de Matemática 82

3.3 A expressão gráfica nas aulas de Matemática 90

4 TICs e TDICs e o ensino de Matemática 101

4.1 O papel das TICs e TDICs na educação 102

4.2 Contribuições das diferentes perspectivas da tecnologia para o ensino de Matemática 108

4.3 Contribuições da tecnologia recente para o ensino de Matemática 114

4.4 Atividades matemáticas com base na tecnologia 120

5 O ludismo no ensino da Matemática 131

5.1 O papel do jogo na educação 133

5.2 Os tipos de jogos e as aulas de Matemática 136

5.3 Elementos da tecnologia na prática pedagógica da matemática com o lúdico 138

5.4 Atividades matemáticas com base no ludismo 141

6 Laboratório de Ensino de Matemática 173

6.1 O que é Laboratório de Ensino de Matemática? 174

6.2 A construção do Laboratório de Ensino de Matemática 178

6.3   Elementos metodológicos do Laboratório de Ensino de Matemática para a prática pedagógica da matemática   181

6.4   Laboratório de Ensino de Matemática na relação teoria e prática: aplicações possíveis   182

Considerações finais   205

Referências   207

Bibliografia comentada   217

Respostas   219

Sobre os autores   221

Dedico este trabalho a meus queridos Gustavo Martinelli Mariath e Julia Born Monteiro, pois eles me inspiraram a pensar em uma educação que forme cidadãos atuantes na busca de um mundo muito melhor para eles e para todos de sua geração.

Dedico também a meus pais, Rodolpho, *in memoriam*, e Nair, que nunca pouparam esforços para meus estudos.

Apresento minha gratidão a Paulo Martinelli, pelo incentivo à autoria deste trabalho.

Líliam Maria Born

Dedico esta obra a Líliam Maria Born, pela força, perseverança e dedicação ao ensino e pelo incentivo na produção e na continuidade.

A meus filhos, Lyane e Paulo Cesar, pelo apoio de sempre nos desafios do dia a dia e pela compreensão das ausências em função do desenvolvimento de meus trabalhos.

Paulo Martinelli

AGRADECIMENTOS

Agradeço a Deus pela minha vida, por estar sempre ao meu lado, por me oportunizar a realização de meus sonhos e por me dar saúde e coragem de seguir em frente; a minha mãe, Nair, que desde a minha infância sempre me incentivou a ser independente; a meus filhos, Lyane e Paulo Cesar, por sempre terem sido parceiros no decorrer da vida, acolhendo as orientações dos pais e aceitando as muitas falhas que se sucederam no decorrer de sua criação; aos que se aproximaram de mim, por meio de meus filhos, e agregaram valor a minha vida: Alexandre e Victória; a Uninter, pela oportunidade e pelo apoio no que se fez necessário.

Líliam Maria Born

Agradeço primeiramente a Deus, pela vida e pelas oportunidades que tem me proporcionado na caminhada profissional, acadêmica e pessoal; a meus pais, pelos exemplos de dedicação e esforço na busca de um mundo melhor; a mãe Anna e o pai Mário, *in memoriam*, que, mesmo sem terem tido acesso ao estudo, me ensinaram a vida e o valor do conhecimento; a meus filhos Lyane e Paulo Cesar; ao genro Alexandre, ao neto Gustavo e a nora Victória, pela presença e apoio significativos na conquista de meus sonhos; a Uninter pela oportunidade de continuar e complementar a escrita desta obra.

Paulo Martinelli

> Um ensino da Matemática visando ao prazer de aprender, garantindo participação e interesse dos alunos, a participação da comunidade, é fundamental para um aprendizado mais eficiente e de qualidade.
>
> *(Turrioni, 2004, p. 143)*

Apresentação

A presente obra tem como ponto de partida a preocupação com a formação de professores, a qual resulta dos vários anos de magistério em praticamente todos os níveis educacionais. Nosso objetivo principal, ao planejar e produzir este livro, foi, além de apresentar os conceitos principais a respeito do uso do material concreto para o ensino de Matemática, proporcionar uma fonte de reflexões sobre o ato de educar e, especialmente, sobre a educação matemática.

Assim, optamos por uma linguagem acessível, sem deixar escapar o rigor científico tão necessário para o tratamento de uma ciência como a matemática. Buscamos também dialogar, de maneira flexível, com o conhecimento científico, bem como com os princípios que regem a pedagogia.

Por se tratar de um assunto extremamente importante e pertinente à demanda educacional do contexto atual, trabalharemos a teoria relacionando-a a exemplos e casos já vivenciados por grupos de pesquisadores espalhados pelo país e por professores que se dispuseram a expor seus materiais em *sites* diversos.

Dessa forma, esta obra é composta de seis capítulos.

No Capítulo 1, trataremos dos aspectos históricos do ensino de Matemática e das demandas a esse respeito para o século XXI. No Capítulo 2, veremos os principais aspectos das teorias que tratam do desenvolvimento cognitivo do ser humano tendo por base as obras de Piaget e Vygotsky. No Capítulo 3, apresentaremos a *expressão gráfica* como campo do conhecimento e suas possíveis aplicações nas aulas de Matemática. Já no Capítulo 4, abordaremos as principais contribuições da tecnologia na construção do pensamento matemático. No Capítulo 5, discutiremos os fundamentos teóricos do uso de jogos no ensino de Matemática, bem como exemplos de jogos destinados a diversos conteúdos. Por fim, no Capítulo 6, apresentaremos um estudo das contribuições do Laboratório de Ensino de Matemática (LEM) para a melhoria da educação matemática, bem como exemplos de atividades usando materiais manipuláveis na construção de conceitos matemáticos.

Ao decorrer desta leitura, você será estimulado a ampliar seus conhecimentos por meio de outros textos, vídeos e demais recursos. Nossa intenção não é somente fornecer indicações de maior aprofundamento, mas também, e principalmente, ajudá-lo a desenvolver sua autonomia nos estudos.

Assim, convidamos você a conhecer um pouco mais sobre os materiais concretos e o ensino de Matemática. Seu empenho, em termos de leitura e pesquisas em diferentes fontes de informação, aproveitando as diferentes mídias oferecidas pela tecnologia, serão fundamentais para seu sucesso.

Desejamos que esta obra lhe proporcione avanços em seus conhecimentos e em sua reflexão acerca da concepção de matemática e de seu ensino, trazendo-lhe prazer em pesquisar e encontrar opções diferenciadas para criar aulas e materiais e, assim, desempenhar o magistério de forma comprometida com a melhoria da formação do cidadão brasileiro.

COMO APROVEITAR AO MÁXIMO ESTE LIVRO

Empregamos nesta obra recursos que visam enriquecer seu aprendizado, facilitar a compreensão dos conteúdos e tornar a leitura mais dinâmica. Conheça a seguir cada uma dessas ferramentas e saiba como estão distribuídas no decorrer deste livro para bem aproveitá-las.

Introdução do capítulo

Logo na abertura do capítulo, informamos os temas de estudo e os objetivos de aprendizagem que serão nele abrangidos, fazendo considerações preliminares sobre as temáticas em foco.

Síntese

Ao final de cada capítulo, relacionamos as principais informações nele abordadas a fim de que você avalie as conclusões a que chegou, confirmando-as ou redefinindo-as.

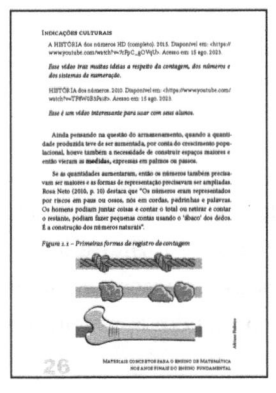

Indicações culturais

Para ampliar seu repertório, indicamos conteúdos de diferentes naturezas que ensejam a reflexão sobre os assuntos estudados e contribuem para seu processo de aprendizagem.

Atividades de autoavaliação

Apresentamos estas questões objetivas para que você verifique o grau de assimilação dos conceitos examinados, motivando-se a progredir em seus estudos.

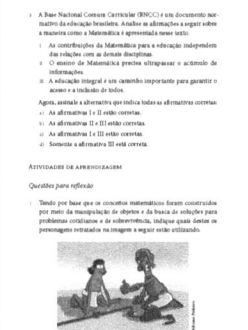

Atividades de aprendizagem

Aqui apresentamos questões que aproximam conhecimentos teóricos e práticos a fim de que você analise criticamente determinado assunto.

Bibliografia comentada

Nesta seção, comentamos algumas obras de referência para o estudo dos temas examinados ao longo do livro.

O ENSINO DE MATEMÁTICA PARA O SÉCULO XXI

Neste capítulo, vamos identificar os diversos modos pelos quais o homem interagiu e interage com o meio que o envolve e o processo de desenvolvimento dos conceitos matemáticos mais importantes. Dessa forma, você poderá relacionar as fases do ensino da matemática (tradicional, movimento da matemática moderna, educação matemática) com o processo histórico que as gerou, podendo então lançar hipóteses sobre como ensinar a matemática de modo mais instigante e eficaz para o contexto atual.

1.1 DESENVOLVER COMPETÊNCIAS: A BASE

O contexto atual tem como uma de suas características a digitalização da realidade. Sendo isso ainda muito novo e em processo de estudo e conhecimento, apenas podemos afirmar que a educação já está revelando as necessidades de mudanças. Assim, a formação de professores de Matemática demanda o desenvolvimento de um novo modo de compreensão e de situar historicamente a matemática enquanto conhecimento que nasceu do viver humano.

Dessa forma, podemos partir da ideia de que o conhecimento humano é resultado da interação com o ambiente em que se insere. É importante que o professor de Matemática tenha clareza de como se deu o processo de formação dos conceitos matemáticos para que, ao ajudar os seus alunos a construí-los, possa dar ênfase à percepção das relações dos conceitos com a vida cotidiana.

Conforme o homem organizou seu modo de viver, também foram aumentando as demandas por novas soluções para problemas. Nesse contexto, a matemática constituiu-se elemento indispensável para a compreensão da realidade e geração de soluções e, assim, tornou-se um dos pilares da ciência clássica. Dessa forma, saber matemática tornou-se sinal de poder. Em função disso, o ensino da matemática aconteceu de acordo com as demandas sociopolítico-econômicas, ou seja, os diferentes momentos históricos provocaram o surgimento de grandes contribuições da matemática para a construção do modo de viver do ser humano, sendo que muitas delas se encontram em nosso meio até hoje.

Articulando a digitalização da sociedade, a educação e a formação do professor de Matemática, vamos recorrer aos documentos que normatizam a educação brasileira atualmente. Encontramos a Base Nacional Comum Curricular, já conhecida pela sua sigla, BNCC. Trata-se de

> um documento de caráter normativo que define o conjunto orgânico e progressivo de **aprendizagens essenciais** que todos os alunos devem desenvolver ao longo das etapas e modalidades da Educação Básica, de modo a que tenham assegurados seus direitos de aprendizagem e desenvolvimento, em conformidade com o que preceitua o Plano Nacional de Educação (PNE). (Brasil, 2018, p. 7, grifo do original)

A BNCC se apoia no desenvolvimento de dez competências a serem desenvolvidas no decorrer da educação básica (educação infantil, ensino fundamental e ensino médio). É certo que voltaremos a refletir sobre BNCC, competências e habilidades em diferentes momentos do estudo, porém, para que isso aconteça de forma tranquila, é importante entendermos que, na BNCC, quando se aborda a ideia de **competência**, trata-se da "mobilização de conhecimentos (conceitos e procedimentos), habilidades (práticas, cognitivas e socioemocionais), atitudes e valores para resolver demandas complexas da vida cotidiana, do pleno exercício da cidadania e do mundo do trabalho" (Brasil, 2018, p. 8). No que se refere às **habilidades**, considera-se que "expressam as aprendizagens essenciais que devem ser asseguradas aos alunos nos diferentes contextos escolares" (Brasil, 2018, p. 29).

É importante saber que há vários estudos sobre competências e habilidades e que, em função de pesquisas e do fato de que a transformação faz parte de tudo na vida, inclusive da ciência, trata-se de concepções inacabadas. Além disso, é certo que cada pessoa que se dispuser a estudar a formação de professores terá a oportunidade de fazer crescer a ideia de competências e sua importância no desenvolvimento da pessoa humana.

Na presente obra, temos como um dos objetivos instaurar o diálogo a respeito do uso do material didático em suas diferentes formas. A ênfase se dará nos chamados *manipuláveis concretos*, que propiciam diferentes possibilidades de percepção e de formação de conceitos matemáticos indispensáveis para a formação de um cidadão, conforme solicitam os diferentes documentos que orientam a educação no contexto atual.

Para iniciar a construção da reflexão que vai permear a obra como um todo, vamos aproveitar a ideia trazida pela competência 1 da BNCC: "Valorizar e utilizar os conhecimentos historicamente construídos sobre o mundo físico, social, cultural e digital para entender e explicar a realidade, continuar aprendendo e colaborar para a construção de uma sociedade justa, democrática e inclusiva" (Brasil, 2018, p. 9). É o resgate dos principais aspectos da história da matemática, por meio do qual vamos compreender como chegamos até o presente momento e, consequentemente, a importância da formação de professores de Matemática, de metodologias e do uso dos materiais didáticos, especialmente os manipuláveis.

1.2 E assim se fez a matemática

Para que possamos refletir a respeito do uso de materiais manipuláveis, é interessante situar-nos historicamente a respeito dos diversos modos pelos quais o ensino da Matemática passou. Assim, vamos lembrar, de modo breve, que essa ciência se desenvolveu mediante as diferentes relações que o ser humano estabeleceu com o meio em que se encontrava. E como será que o homem aprendeu a matemática?

Rosa Neto (2010) indica que, mais ou menos 2 milhões a.C., o ser humano mantinha sua subsistência por meio da coleta e da caça e aprendia a suprir suas necessidades e a se defender com objetos que o ambiente lhe proporcionava: paus, pedras, ossos, dentes, cascas, cipós, fibras, entre outros. Em que isso o ajudou? Foi por meio desses instrumentos que o homem aprendeu a diferenciar **tamanhos, formas, quantidades** e a identificar as **funções** dos objetos.

Sabemos que, por volta de 35.000 a.C., o ser humano aprendeu a trançar fibras e, com isso, desenvolveu armadilhas, cestos, redes, algumas roupas, entre outros (Rosa Neto, 2010). Isso foi muito importante para o início da construção do pensamento matemático, pois se fizeram necessárias as noções de **número** e de **figuras geométricas**, das ideias de **interior, exterior, paralelismo, perpendicularismo** e **simetria** – é claro que tudo isso ainda de forma bem simples e intuitiva.

No entanto, havia um grande problema: a proteção. O homem precisava de abrigo e nem sempre havia cavernas por perto. Em função disso, como nos conta Rosa Neto (2010), o ser humano começou a reorganizar o ambiente em que estava. E como ele fez isso? Passou a usar galhos de árvores, pedras etc., de modo que, articulados, pudessem proteger a entrada da caverna ou gerar algo parecido com o ambiente de caverna, ou seja, as cabanas. Assim, o uso de galhos e de troncos, como escoras, travessas ou cunhas, propiciavam gradualmente a formação dos conceitos de figuras geométricas, como o triângulo.

A respeito disso, Rosa Neto (2010, p. 10) nos apresenta fatos interessantes:

O ato de arredondar objetos, posicionar-se ao redor da fogueira ou de um animal de caça, a ação de girar objetos para acender o fogo ou fazer furos vão gerar a circunferência.

Esticar, procurar a menor distância entre dois pontos, a necessidade de fazer objetos cada vez mais retos são ações que vão gerar a reta.

A Matemática começa a ter representações simbólicas: palavras designando os primeiros números e formas, desenhos pictográficos que eram marcas bosquejadas para talho e desbaste na madeira, pedra ou osso.

Interessante, não é? Ainda tem mais. Acompanhe!

Boyer e Merzbach (2012) destacam que foi nas situações caóticas que, de modo natural, o ser humano teve as oportunidades de desenvolver operações de pensamento que favoreceram a formação do raciocínio matemático. Isso se refere à capacidade de fazer **analogias**, percebendo as semelhanças entre números e formas, bem como os contrastes, e realizando correspondências um a um, o pareamento.

Em outras palavras, podemos dizer que, na medida em que o homem foi obrigado a resolver problemas cotidianos, as operações de pensamento foram sendo desenvolvidas – incluindo o contato direto com os objetos e seus diferentes arranjos para diversas finalidades.

Outro momento importante foi quando o homem fixou a sua moradia e deixou de ser coletor. Ou seja, ele começou a produzir boa parte do seu alimento, o que exigiu que desenvolvesse formas de medição em geral, inclusive de tempo. E qual a consequência desse desenvolvimento? Com isso, ampliaram-se os **números** e a **contagem**, bem como surgiu a necessidade de se criar o calendário. Nesse contexto, também a agricultura se desenvolveu e o armazenamento se fez necessário. Para isso, foram necessários recipientes com maior resistência que os cestos trançados e, assim, surgiu a cerâmica. Surgiu também a necessidade das noções de **volume** e **capacidade**, bem como de formas geométricas para a construção de tais objetos.

Indicações culturais

A HISTÓRIA dos números HD (completo). 2015. Disponível em: <https://www.youtube.com/watch?v=7cFpC_gOVqU>. Acesso em: 15 ago. 2023.

Esse vídeo traz muitas ideias a respeito da contagem, dos números e dos sistemas de numeração.

HISTÓRIA dos números. 2010. Disponível em: <https://www.youtube.com/watch?v=TF8W0B3Pai8>. Acesso em: 15 ago. 2023.

Esse é um vídeo interessante para usar com seus alunos.

Ainda pensando na questão do armazenamento, quando a quantidade produzida teve de ser aumentada, por conta do crescimento populacional, houve também a necessidade de construir espaços maiores e então vieram as **medidas,** expressas em palmos ou passos.

Se as quantidades aumentaram, então os números também precisavam ser maiores e as formas de representação precisavam ser ampliadas. Rosa Neto (2010, p. 10) destaca que "Os números eram representados por riscos em paus ou ossos, nós em cordas, pedrinhas e palavras. Os homens podiam juntar coisas e contar o total ou retirar e contar o restante, podiam fazer pequenas contas usando o 'ábaco' dos dedos. É a construção dos números naturais".

Figura 1.1 – Primeiras formas de registro de contagem

Adriano Pinheiro

Você percebeu que a interação do homem com os objetos e, consequentemente, a manipulação destes estão presentes na construção histórica do **pensamento matemático**? Será que isso traz alguma indicação para as formas como desenvolvemos o **ensino da Matemática** hoje?

Para continuar compreendendo como a matemática assumiu um papel tão importante na vida do homem, vamos estudar um pouco mais sobre a história dessa disciplina. O que veremos a seguir é resultado do viver humano em tempos em que surgiram as cidades. O homem fixou sua morada em grandes grupos e desenvolveu muito mais as técnicas de produção, seja de alimentos, seja de objetos que facilitassem o trabalho. Isso mudou sua forma de ver o mundo e de se relacionar com outras pessoas.

Assim, cada povo, diante dos desafios que encontrou, desenvolveu o pensamento matemático à sua maneira. É importante termos ao menos uma breve noção de como isso se deu para podermos entender o processo histórico que nos trouxe até aqui. Valendo-nos dos estudos de Rosa Neto (2010) e Mol (2013), podemos considerar as seguintes contribuições:

- Os babilônios registravam suas ideias por meio de um conjunto de símbolos que ficaram conhecidos como *escrita cuneiforme*. Eles tinham um sistema para a prática do câmbio de moedas, de taxas de juros e impostos.

Figura 1.2 – A escrita cuneiforme utilizada pelos babilônios

- Os egípcios, em função da fertilidade das terras próxima ao Rio Nilo, desenvolveram o **calendário** de 365 dias e os cálculos de **área** e **volume**. Além disso, criaram o relógio de sol e a balança.

- Os gregos, com sua marca de questionamento, desenvolveram a argumentação, a demonstração e a conclusão. E por que isso é importante? Pelo simples fato de **explicar aquilo que é prático**. É bem provável que você já tenha ouvido falar sobre alguns filósofos gregos que, em seus estudos, se destacaram por contribuir com a sistematização do conhecimento matemático – por exemplo, Pitágoras, Euclides, Ptolomeu e Aristóteles. Observe a Figura 1.3 e reflita sobre como você imagina que ocorreu a construção do pensamento matemático nesse período.

Figura 1.3 – Contribuições dos gregos para a matemática

- Os romanos desenvolveram o sistema de **numeração** conhecido e usado até hoje em relógios, marcação de séculos, capítulos de livros e outros. Tal sistema utiliza as letras *I, V, X, L, C, D* e *M*, além de algumas regras simples para representar os números.

Indicações culturais

MIRANDA, D. de. **Números romanos**. Disponível em: <http://www.mundoeducacao.com/matematica/sistema-numaracao-romano.htm>. Acesso em: 10 abr. 2023.

Aqui você terá mais informações sobre o sistema de numeração romano.

- Os árabes criaram o **sistema de numeração arábico**, que se caracteriza por ser decimal, posicional e utilizar algarismos. Tal foi a praticidade desse sistema que, mesmo tendo sido desenvolvido na Idade Média, permanece em uso até hoje. Rosa Neto (2010, p. 15) destaca: "O sistema decimal posicional, utilizado por nós até hoje com algumas alterações, representou para a Aritmética o que o alfabeto foi para a escrita: a democratização. Afinal, fazer contas com algarismos romanos era inviável, então se fazia necessário um ábaco, o que não era muito cômodo".

Esse sistema resultou de diversos conhecimentos, como segue Rosa Neto (2010, p. 15): "Sistemas decimais aparecem em vários lugares como no Egito; o sistema posicional já era conhecido dos babilônios; os algarismos evoluíram a partir da Índia". É importante destacar que tal contribuição não veio sozinha, pois os árabes também desenvolveram métodos mais práticos de resoluções de equação, e isso deu origem à álgebra, sendo o matemático árabe Al-Khowarizmi considerado o pai da álgebra (Rosa Neto, 2010).

Cronologicamente falando, o Renascimento ocorreu na transição da Idade Média para a Idade Moderna. E como isso aconteceu? O Renascimento incentivou a compreensão do mundo pelo uso da razão, o que deu espaço ao conhecimento científico. Rosa Neto (2010) destaca que o comércio impôs novos problemas para a matemática, como o cálculo de **créditos** e **dívidas**. Em função disso, foi desenvolvido o conjunto de números inteiros, o cálculo da raiz quadrada de números negativos, entre outros.

Você deve estar lembrado que foi nesse período que ocorreram as grandes **navegações**. Já parou para pensar o que isso exigiu com relação ao conhecimento matemático? Para que as embarcações se tornassem mais resistentes, foram precisos cálculos cada vez mais complexos e com pouca margem de erro. Além disso, os conhecimentos de astronomia, mapas e rotas foram indispensáveis para o sucesso das viagens. Assim, o mundo passou a ser visto de outra forma, começando a ser esquadrinhado pelas **coordenadas**, ou seja, a indicação de qualquer local no planeta passou a ser feita pelas informações trazidas pela latitude e pela longitude.

Rosa Neto (2010, p. 17) conta que: "No século XVII, com Descartes, Fermat e outros, surge a Geometria Analítica como consequência do uso sistemático das coordenadas na navegação. Desenvolve-se a Trigonometria. Aparecem os logaritmos para a simplificação dos cálculos astronômicos". Além disso, por meio da álgebra, concretizou-se o que, por vezes, chamamos de *linguagem matemática*: descrever processos por meio de simbologia própria.

Figura 1.4 – A simbologia matemática

Fernando Batista/Shutterstock

Rosa Neto (2010) ajuda a pensar esse momento histórico quando destaca que o Renascimento se caracteriza pela ascensão da burguesia, o que causou mudanças no mercado e reorganização de reinos, povos, cidades. Também nesse contexto, o comércio se intensificou e, com isso, surgiu a dificuldade com os **sistemas de pesos e medidas** – o fato de cada povo ter seu próprio sistema dificultava o novo modo de comércio. Assim, era preciso unificá-los; milhas, jardas, pés precisavam ser revistos e redefinidos, de modo que a unidade de medida pudesse ser a mesma em qualquer lugar.

Por conta da busca incessante pelas explicações da realidade por meio do uso da razão, o homem entrou na Idade Moderna. A industrialização cresceu rapidamente e a ciência assumiu papel relevante, ao ponto de ser entendida como uma das fontes de verdade, definindo modos de pensar e de agir em todos os setores da sociedade. A tecnologia acelerou o passo e as mudanças aumentaram no decorrer do século XIX, provocando transformações econômicas, políticas e sociais. Desse modo, viver no século XX, sem sombra de dúvidas, era muito diferente de viver nos séculos anteriores. Assim, perguntamos: Nesse contexto, como o ensino da Matemática se organizou, especialmente no final do século XIX e no decorrer do século XX?

1.3 As tendências no ensino de Matemática: do século XX para o século XXI

Ensinar matemática vai muito além de trabalhar determinados conteúdos com os alunos. Identificar as diferentes ideias a respeito de como se pode ensinar matemática faz parte da formação do educador.

Um professor de Matemática deve ter clareza de como o ensino dessa ciência se transformou com o passar do tempo, conseguindo reconhecer os obstáculos existentes e também as perspectivas que se abrem para o tempo presente e para o futuro. É importante destacar que há uma relação muito próxima entre o contexto e as diferentes tendências do ensino da Matemática, pois este se dá para suprir as necessidades e os interesses locais e globais.

Portanto, sinta-se à vontade para viajar um pouco não só na história do ensino da matemática, mas também nas relações entre as demandas geradas pelo contexto e pelas diferentes maneiras de pensar e propor o ensino de matemática.

1.3.1 O ensino tradicional da Matemática

Ainda hoje, ao falarmos do ensino da Matemática, é grande a chance de pensarmos predominantemente em um ensino feito nos moldes tradicionais. Aí pode vir a pergunta: De onde veio esse modo de trabalhar a matemática?

Para responder a essa questão, vamos buscar ajuda em D'Ambrósio (1999), para quem o modelo adotado no ensino da Matemática no decorrer da **Idade Moderna** veio em função dos interesses do desenvolvimento econômico da localidade ou dos seus senhores. Desse modo, o foco estava na matemática necessária às construções, aos processos industriais e a outras atividades geradoras de lucros direta ou indiretamente. Sem dúvida, nesse período, o ensino era destinado a poucos e se consolidou na medida em que a Europa foi se desenvolvendo e, por consequência, se instalando nas diferentes colônias pertencentes a esse continente.

No Brasil, a matemática passou a ocupar lugar de destaque no currículo correspondente aos anos iniciais do ensino fundamental no decorrer do **século XX**. Nessa época, a preocupação era apenas que os alunos desenvolvessem o domínio das quatro operações, pois o comércio crescia e tais conhecimentos eram necessários.

Carvalho (2016) destaca que tal tendência pode ser classificada como *formalista clássica*, pois os conteúdos tinham foco na produção grega, por meio de conceitos, demonstrações e argumentações. Além disso, o estudo dos conceitos e das teorias matemáticos eram feitos separadamente: geometria (incluindo a trigonometria), álgebra e aritmética.

A aula de Matemática tinha como modo de trabalho a explanação feita pelo professor, que adotava um livro e o seguia. Ao aluno era reservado ouvir, copiar, ler e fazer exercícios repetitivos sobre o assunto, a fim de memorizar para reproduzir o mais perfeitamente possível em momentos específicos de avaliação.

1.3.2 As primeiras mudanças

O final do século XIX e todo o século XX se caracterizaram por períodos de fortes mudanças. As últimas décadas do século XIX foram marcadas pela alta industrialização, o que exigiu trabalhadores com alguma qualificação. Em função disso, era preciso pensar e implantar formas de educar e, de modo especial, ensinar uma matemática que atendesse a essa demanda.

Werneck (2003) destaca que, nesse contexto, a utilidade prática do conhecimento passou a ser preponderante, portanto, o ensino deveria se voltar mais para as aplicações do conhecimento – ou seja, o aluno devia aprender para aplicar esse novo saber em situações cotidianas.

Naquele período, surgiram os questionamentos a respeito dos melhores caminhos para desenvolver processos educacionais, obtendo assim novas formas de trabalho pedagógico e de organização curricular – a matemática deveria ocupar lugar de destaque nesse momento. Um dos resultados dessas discussões está na defesa de um menor rigor no tratamento de conceitos, teoremas e axiomas, dando mais espaço para os métodos de ensino práticos voltados para a aplicação em problemas comuns e científicos. Isso é também explicado pelo fato de que, neste período, houve o grande desenvolvimento da indústria e o contexto de reorganização do poder no mundo em função das guerras mundiais vividas até 1945, o que significa que o desenvolvimento da ciência se vinculou muito a atender as demandas desse novo contexto.

Por essa razão, é importante dedicar atenção às mudanças ocorridas no decorrer do século XX.

1.3.3 O século XX e o ensino de Matemática

Felix Christian Klein, nascido em 1849, na Alemanha, foi muito importante para a matemática e, de modo especial, para o ensino dessa disciplina. Há estudos que apontam o seu posicionamento diante da tendência formalista clássica. Vamos conhecer as suas principais contribuições?

Souza (2010) nos auxilia mencionando que Klein:

- liderou o Movimento Internacional de Reforma Curricular em Matemática;
- propôs a junção do ensino da aritmética, da álgebra e da geometria;
- propôs a abordagem intuitiva dos conteúdos matemáticos, ou seja, considerar a relação entre os conceitos matemáticos pertencentes ou não ao mesmo ramo matemático, bem como deles com sua história e possíveis aplicações;
- considerou o extremo rigor e as demonstrações dos processos e dos resultados como fatores secundários no ensino da matemática.

E como isso ocorreu no Brasil?

Na década de 1920, surgiram inquietações a respeito das mudanças necessárias no ensino da Matemática, tendo em vista o novo perfil de trabalhador. A capacidade de raciocinar para desempenhar tarefas mais elaboradas gerou preocupações, pois a educação não podia mais ser reservada à elite, devendo incluir os que estavam nas linhas de produção. Entre os estudiosos, no Brasil destaca-se **Euclides Roxo**, pois, como nos conta Souza (2010, p. 51), "Apesar das divergências que surgiram com a implantação dos novos programas para o ensino de matemática no Colégio Pedro II, este teve repercussão nacional, pois as ideias modernizadoras de Euclides Roxo formaram a base para a Reforma Campos".

Euclides Roxo foi discípulo de Felix Klein, por isso tinha como proposta principal a unificação dos ramos álgebra, aritmética e geometria no ensino da Matemática nas escolas. Conforme Souza (2010, p. 45) "uma nova reorganização dos conteúdos, visando um ensino de matemática centrado primeiramente na intuição e, só depois do aluno compreender os conceitos mais simples, tratar esse ensino de forma mais abstrata". O foco não seria mais o extremo rigor do processo, e sim a proximidade do conteúdo com a realidade e o processo do aprender do aluno, o que representava um avanço no que se refere ao ato de ensinar Matemática no Brasil.

No entanto, somente nas décadas de 1950 e 1960 notaram-se sinais de mudanças relativas às metodologias para o ensino dessa disciplina no Brasil. Podemos perceber isso acompanhando os resultados dos diferentes congressos e grupos de estudos que se originaram nesse período, conforme indica Pinto (2005, p. 28):

> É importante lembrar que o III Congresso, realizado no Rio de Janeiro em 1959, centralizou-se mais na discussão de métodos e técnicas de ensino, do que em rol de conteúdos. Tanto na Comissão do Ensino Primário como na Comissão de Formação dos Professores Primários, deu-se uma ênfase aos métodos ativos, à utilização do folclore, histórias e parlendas infantis, metodologia do cálculo (operações tabulares), utilização de jogos e o uso de material Cuisenaire.

Perceba que são sugeridos materiais diferentes do que comumente se usava: os jogos e o material Cuisenaire, o qual é constituído por modelos de madeira que totalizam 241 barras coloridas, com 10 cores e 10 comprimentos diferentes. Com esse material, o aluno poderia construir, representar, medir, elaborar gráficos e fazer muitas outras coisas.

Figura 1.5 – Material Cuisenaire

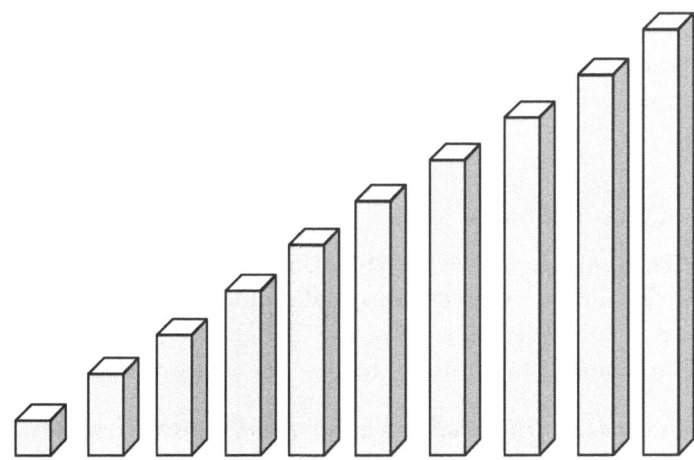

Isso quer dizer que ensinar Matemática tende a transcender o simples repasse de conceitos e teorias. Assim, no decorrer do século XX, na medida em que ocorriam as grandes transformações ligadas à alta tecnologia, surgiram os questionamentos sobre o educar. Por outro lado, é importante destacar que não significa que tudo o que surgiu como inovador tenha trazido efeitos positivos, no sentido de transformação em direção à educação que ultrapassasse o modo tradicional de ensinar e aprender.

Ao entender esse processo de grandes mudanças, é interessante considerar os estudos de Mizukami (1986) voltados para as abordagens do processo educacional, entre as quais destacam-se: a tradicional, a comportamentalista, a humanista, a cognitivista e a sociocultural.

Behrens (2011) e Libâneo e Santos (2010) apresentam abordagens que estão em desenvolvimento e são voltadas ao contexto atual, preocupando-se com o modo de aprender necessário para esse momento. Assim, Behrens (2011) indica a abordagem sistêmica e a abordagem ensino com pesquisa. A essas podemos somar as abordagens que exigem uma visão ampla da realidade e que consideram a relação entre todo e parte, como o holismo, a teoria da complexidade, a ecopedagogia e o conhecimento em rede, as quais são denominadas *correntes holísticas* por Libâneo e Santos (2010).

Não é nosso foco estudar cada abordagem neste momento. No entanto, é muito importante que você compreenda que essas ideias são peças do cenário no qual desenvolveremos nossas reflexões a respeito das tendências para o ensino da matemática no início do século XXI.

Indicações culturais

ALVES, A. M. M.; SILVEIRA, D N. Uma leitura sobre as origens do Movimento da Matemática Moderna (MMM). **Tópicos Educacionais**, Recife, n. 2, p. 6-22, jul./dez. 2016. Disponível em: <https://periodicos.ufpe.br/revistas/topicoseducacionais/article/view/22667>. Acesso em: 16 ago. 2023.

A consulta a esse artigo ajuda a ampliar a compreensão a respeito do que ficou conhecido como Movimento da Matemática Moderna (MMM).

1.3.4 As tendências do ensino da Matemática para o século XXI

Entramos no século XXI com um desafio muito sério: as mudanças no modo de viver, em função do alto desenvolvimento tecnológico, exigem que o aluno, futuro profissional, tenha um elevado desempenho em diversas situações. Isso é fundamental, por exemplo, para que nosso país se mantenha em patamares de desenvolvimento aceitáveis diante do mundo. Em outras palavras, para tal sucesso, é necessário mais indústrias, pesquisas, tecnologia de ponta, preservação ambiental – o que só se conquista com pessoas/profissionais bem formados.

Assim, podemos lançar mais uma pergunta: Como fica a matemática e o seu ensino nesse contexto um tanto indefinido e em constante modificação?

Muitos pesquisadores se dedicaram a responder tal questão e há respostas e propostas muito interessantes a esse respeito, mas, para nossos propósitos nesta obra, vamos focar nos estudos desenvolvidos por meio da educação matemática.

1.3.4.1 As proposições com base na educação matemática

Precisamos de cidadãos que atuem na sociedade de forma crítica, considerando o bem coletivo, bem como o individual. Cidadãos que sejam profissionais capazes de observar, analisar, avaliar e decidir. Precisamos de pessoas que consigam pensar, raciocinar e fazer escolhas com base no conhecimento. No nosso caso, vamos enfatizar o pensamento matemático.

> É importantíssimo lembrar que **o pensamento matemático não cumprirá essa missão sozinho – ele precisará das demais áreas do conhecimento**, não como subsídio ou fontes de dados efêmeras, mas como fontes de informação e de desenvolvimento intelectual. Destacamos também que, nos documentos que regem a educação brasileira, a tendência é a consolidação da **interdisciplinaridade** e da

transdisciplinaridade, um objetivo que já está sendo construído em muitas mentes e lugares.

É nesse contexto que surge a educação matemática. Para organizar nosso pensamento, podemos nos apoiar em Flemming, Luz e Mello (2005, p. 13) quando dizem que

> a educação matemática é uma área de estudos e pesquisas que possui sólidas bases na Educação e na Matemática, mas que também está contextualizada em ambientes interdisciplinares. Por este motivo, caracteriza-se como um campo de pesquisa amplo, que busca a melhoria do processo ensino-aprendizagem de Matemática.

Para começar, lembramos que a crítica e a busca por alternativas que fizessem oposição ao formalismo clássico e ao ensino tradicional levaram grupos de pesquisadores a desenvolverem propostas que consideram como o aluno aprende e como ocorrem as influências da afetividade e da emoção nos processos de ensinar e aprender.

Quais seriam essas propostas para o ensino de Matemática?

Vamos começar pela **resolução de problemas**. Segundo Brito (2010, p. 18):

> A solução de problemas é entendida como uma forma complexa de combinação dos mecanismos cognitivos disponibilizados a partir do momento em que o sujeito se depara com uma situação para a qual precisa buscar alternativas de solução. Pode ser definida com um processo cognitivo que visa transformar uma dada situação em uma situação dirigida a um objetivo, quando um método óbvio de solução não está disponível para o solucionador, apresentando quatro características básicas: é cognitiva, é um processo, é dirigida a um objetivo e é pessoal, pois depende do conhecimento prévio do indivíduo.

Nesse sentido, é importante destacar que a resolução de problemas é um processo que exige grande desempenho cerebral, pois envolve a capacidade de utilizar conceitos e princípios para que a solução do problema seja viabilizada.

Smole, Diniz e Cândido (2000) destacam que resolver problemas desenvolve as potencialidades em termos de inteligência e cognição. Além disso, proporciona ao aluno a alegria de encarar e vencer obstáculos oriundos da própria curiosidade. Tais autores defendem o uso de problemas contextualizados, de modo que a criança aprenda a perceber tanto o pensamento quanto os conceitos matemáticos inseridos em sua vida. As situações devem ser preparadas antecipadamente, sempre partindo de um contexto, que será investigado pelo aluno e sobre o qual este elaborará explicações.

Outra modalidade é a **modelagem matemática**, sobre a qual Groenwald, Silva e Mora (2004, p. 42) destacam: "A concepção teórica adotada nessa metodologia consiste em entendê-la como a arte de transformar problemas da realidade em problemas matemáticos e resolvê-los interpretando suas soluções na linguagem do mundo real". Isso significa que, nesse caso, lidamos com as diferentes linguagens e suas conexões, o que permite a interligação dos conteúdos matemáticos às demais ciências por meio de problemas reais.

O uso de **jogos e desafios** é uma excelente possibilidade de trabalho, pois exige uma postura ativa do aluno, e isso evita a passividade e a falta de motivação. É comum encontrarmos alunos que sofrem de bloqueios com a matemática, mas que com os jogos se saem muito bem. Isso ocorre porque o aspecto lúdico alivia a tensão e estimula a formação de outros esquemas cognitivos que ampliam as possibilidades de aprendizagem.

Diante da crescente digitalização da realidade, é preciso considerar o **uso das novas tecnologias** como forma de auxiliar a aprendizagem. Em meio às muitas discussões sobre vantagens e perigos disso, é importante lembrar a clara relação entre a educação e a formação do cidadão, cujas formas de ação estarão mais ligadas às vias digitais. Em função disso, o professor de Matemática também precisa aprofundar seus conhecimentos a respeito do uso dos recursos que a tecnologia pode oferecer e o seu uso em sala de aula e, assim, contribuir para que o aprender ocorra desenvolvendo diversas formas de pensar.

Há também a tendência do uso da **história da matemática**, que se caracteriza por ajudar o aluno a perceber a origem do conceito que se está estudando e por quais modificações ele passou desde a sua criação até o momento presente. Esse recurso busca e amplia as relações dos conceitos entre si e deles com o modo de viver no decorrer dos tempos.

Outra abordagem ou tendência é a **etnomatemática**, cujo objetivo é explicar as diferentes formas culturais de geração, organização e transmissão de conhecimentos. Conforme Flemming, Luz e Mello (2005, p. 36): "O termo etnomatemática foi criado por Ubiratan D'Ambrósio com o objetivo de descrever as práticas matemáticas de grupos culturais, a partir de uma análise das relações entre conhecimento matemático e contexto cultural".

> **A palavra *etnomatemática* soa estranha, não é?**
>
> A respeito desse termo, D'Ambrósio (1997, p. 111) diz: "Para compor a palavra *etnomatemática* utilizei as raízes *tica*, *matema* e *etno* para significar que há várias maneiras, técnicas, habilidades (*tica*) de explicar, de entender, de lidar e de conviver (*matema*) com distintos contextos naturais e socioeconômicos da realidade (*etno*)".

E, por fim, é preciso dar foco também ao **trabalho com projetos**, que, segundo Groenwald, Silva e Mora (2004, p. 49) consiste em

> uma busca organizada de respostas a um conjunto de interrogações em torno de um problema ou tema relevante do ponto de vista social, individual ou coletivo, o qual pode ser trabalhado dentro ou fora da sala de aula com o trabalho cooperativo entre os estudantes, professores, pais, especialistas e membros da comunidade extraescolar.

Ou seja, trata-se de lançar desafios para que alunos e demais participantes da escola se empenhem em encontrar a solução.

De modo rápido, fizemos um passeio pelas principais tendências em termos de metodologias para o ensino de matemática neste contexto do século XXI. Por outro lado, precisamos dar muita atenção ao que está definido para a educação brasileira em termos normativos, lançando um olhar cuidadoso, capaz de construir espaços de aprendizagem que fortaleçam a formação de cidadãos atuantes no contexto do século XXI. Por isso, é importante conhecer um pouco mais sobre a BNCC.

1.4 A BNCC E O ENSINO DA MATEMÁTICA NO BRASIL

A BNCC, não custa lembrar, é um documento normativo, já previsto na Lei de Diretrizes e Bases da Educação Nacional (LDBEN) – Lei n. 9.394, de 20 de dezembro de 1996 (Brasil, 1996). Em sua estrutura, há alguns pressupostos importantes para que possamos compreendê-la melhor.

O documento apresenta com clareza a educação integral como um de seus fundamentos a qual é entendida como

> construção intencional de processos educativos que promovam aprendizagens sintonizadas com as necessidades, as possibilidades e os interesses dos estudantes e, também, com os desafios da sociedade contemporânea. Isso supõe considerar as diferentes infâncias e juventudes, as diversas culturas juvenis e seu potencial de criar novas formas de existir. (Brasil, 2018, p. 14)

Pretende-se, portanto, uma educação que ultrapasse o acúmulo de informações e conhecimentos desligados entre si. No decorrer do texto, percebe-se algumas intencionalidades, como: resgatar e/ou criar caminhos pedagógicos que propiciem a igualdade de acesso (e manutenção) da população à escola, aos conhecimentos e saberes por ela apresentados; e desenvolver a equidade no sentido de considerar as condições específicas que precisam ser atendidas para que a igualdade seja a mais próxima do real possível, o que inclui considerar o desenvolvimento global dos estudantes quanto a suas particularidades, diminuindo as exclusões naturalizadas quando a educação se torna exclusivamente conteudista.

Tudo isso se reflete na concepção de currículo, visto que este considera a importância de um conjunto de conhecimentos científicos já desenvolvidos e que contribuem muito para o desenvolvimento do pensamento lógico e também os conhecimentos pertinentes à realidade local, aos interesses e às condições particulares do estudante.

Tendo construído o cenário relativo à BNCC e à Matemática, podemos conhecer um pouco da estrutura desse documento no que se refere tanto aos seus aspectos gerais quanto aos aspectos específicos relativos ao presente estudo.

No ensino fundamental, a Matemática é uma das áreas do conhecimento, além de Linguagens, Ciências da Natureza, Ciências Humanas e Ensino Religioso. Destaque-se que a organização da BNCC pressupõe articulações entre tais áreas tanto nos diferentes anos como entre todos os assuntos tratados em toda a educação básica. Há uma busca por romper com a linearidade e cada vez mais valer-se da interdisciplinaridade, abrindo espaço para a transdisciplinaridade.

A partir daqui, vamos dar atenção especificamente ao ensino de Matemática a ser desenvolvido nos anos finais do ensino fundamental.

Um bom começo para este estudo pode ser entender que os anos finais do ensino fundamental se caracterizam pelo fato de ser um momento em que:

> os estudantes se deparam com **desafios de maior complexidade**, sobretudo devido à necessidade de se apropriarem das diferentes lógicas de organização dos conhecimentos relacionados às áreas. Tendo em vista essa maior especialização, é importante, nos vários componentes curriculares, **retomar e ressignificar as aprendizagens do Ensino Fundamental – Anos Iniciais no contexto das diferentes áreas**, visando ao aprofundamento e à ampliação de repertórios dos estudantes. Nesse sentido, também é importante **fortalecer a autonomia** desses adolescentes, oferecendo-lhes condições e ferramentas para acessar e interagir criticamente com diferentes conhecimentos e fontes de informação. (Brasil, 2018, p. 60, grifo do original)

Em função disso, estão definidas as competências a serem desenvolvidas para a área da matemática para o ensino fundamental, das quais é possível destacar alguns aspectos que interessam diretamente ao estudo aqui realizado, a saber: as contribuições da matemática enquanto ciência para a compreensão da realidade e a proposição de soluções para problemas; o desenvolvimento do raciocínio lógico, da argumentação fundamentada; a percepção das relações entre as diferentes áreas da matemática; o domínio das diferentes formas de expressar o conhecimento matemático; a capacidade de investigação e de trabalho colaborativo; e a preocupação com as demandas sociais. Agregue-se a isso a organização das habilidades por meio de unidades temáticas e objetos de conhecimento. Cada unidade temática abriga um ou mais objetos de conhecimento, e cada objeto de conhecimento abriga uma ou mais habilidades.

Assim, o planejamento da disciplina e das aulas começa pelas competências da área, vai para as unidades temáticas e seus objetos de conhecimento e chega nas habilidades, como podemos perceber na Figura 1.6, que segue.

Figura 1.6 – Trilha do planejamento da disciplina

Matemática → Unidade temática → Objeto de conhecimento → Habilidades → Planejamentos

Vamos a um exemplo:

Para o 6º ano, na área de conhecimento Matemática, temos a unidade temática Geometria, a qual comporta os seguintes objetos de conhecimento:

- Plano cartesiano: associação dos vértices de um polígono a pares ordenados.
- Prismas e pirâmides: planificações e relações entre seus elementos (vértices, faces e arestas).
- Polígonos: classificações quanto ao número de vértices, às medidas de lados e ângulos e ao paralelismo e perpendicularismo dos lados.

- Construção de figuras semelhantes: ampliação e redução de figuras planas em malhas quadriculadas.
- Construção de retas paralelas e perpendiculares, fazendo uso de réguas, esquadros e *softwares*. (Brasil, 2018, p. 302)

Por fim, para ao objeto de conhecimento Plano Cartesiano, temos a seguinte habilidade: "Associar pares ordenados de números a pontos do plano cartesiano do 1º quadrante, em situações como a localização dos vértices de um polígono" (Brasil, 2018, p. 302).

É importante observar que é a habilidade que norteia a aula, mas esta está vinculada a todos os demais componentes da estrutura da BNCC.

Para compor a aula, precisamos conhecer o objeto de conhecimento e a habilidade pretendida, pois precisamos escolher a metodologia e os materiais didáticos mais adequados. É verdade que a BNCC não aprofunda a reflexão sobre as metodologias, pois não é essa a sua finalidade, mas faz indicativos interessantes que vêm ao encontro do presente estudo.

1.5 Discussão sobre o uso de materiais manipuláveis no ensino de Matemática

Ao estudarmos o desenvolvimento da matemática como ciência e disciplina, percebemos que ela sempre esteve diretamente relacionada ao contexto em que o homem estava inserido, o que também ocorre com o modo de ensinar matemática. O contexto muda, os conteúdos são ampliados, a tecnologia se expande e a demanda por aulas criativas, interessantes e eficazes cresce.

Podemos perceber que, já nos Parâmetros Curriculares Nacionais (PCN) de Matemática para os terceiro e quarto ciclos (Brasil, 1998), há o destaque para o uso de metodologias que envolvam o estudante de modo ativo e corresponsável pelo seu processo de aprender:

> As necessidades cotidianas fazem com que os alunos desenvolvam capacidades de natureza prática para lidar com a atividade matemática, o que lhes permite reconhecer problemas, buscar e selecionar

informações, tomar decisões. Quando essa capacidade é potencializada pela escola, a aprendizagem apresenta melhor resultado. (Brasil, 1998, p. 37)

A BNCC, por sua vez, recomenda que:

> Da mesma forma que na fase anterior, a aprendizagem em Matemática no Ensino Fundamental – Anos Finais também está intrinsecamente relacionada à apreensão de significados dos objetos matemáticos. Esses significados resultam das conexões que os alunos estabelecem entre os objetos e seu cotidiano, entre eles e os diferentes temas matemáticos e, por fim, entre eles e os demais componentes curriculares. Nessa fase, precisa ser destacada a importância da comunicação em linguagem matemática com o uso da linguagem simbólica, da representação e da argumentação. Além dos diferentes recursos didáticos e materiais, como malhas quadriculadas, ábacos, jogos, calculadoras, planilhas eletrônicas e *softwares* de geometria dinâmica, é importante incluir a história da Matemática como recurso que pode despertar interesse e representar um contexto significativo para aprender e ensinar Matemática. Entretanto, esses recursos e materiais precisam estar integrados a situações que propiciem a reflexão, contribuindo para a sistematização e a formalização dos conceitos matemáticos. (Brasil, 2018, p. 298)

Para resolver problemas de forma significativa, necessitamos de estratégias que permitam a formação de um raciocínio crítico. É aí que entra o **material concreto**, nosso objeto de estudo nesta obra. Para abrir a discussão sobre o uso de materiais manipuláveis, vamos tomar por base a ideia de Abreu (2013, p. 1):

> Tendo em conta as necessidades colocadas pela sociedade ao longo dos tempos, ocorreram importantes transformações sociais, da indústria e da economia, assim como o processo de ensino e aprendizagem que tem necessariamente de ser adequado às novas exigências. Neste sentido, o processo de ensino e aprendizagem deve criar oportunidades de experiências de aprendizagem, não se limitando a transmitir conhecimentos de forma estanque.

E como seriam essas experiências de aprendizagem?

Você já deve ter observado que, no decorrer do tempo, a construção dos conceitos matemáticos sucedeu-se por meio da relação entre o homem e o ambiente, especialmente pela manipulação e pela transformação de objetos naturais ao meio. Isso pode nos levar a pensar que o auxílio de objetos pode enriquecer as aulas e ajudar muito no aprender do aluno e do professor. Estamos falando dos diferentes materiais didáticos de que podemos lançar mão ao preparar e aplicar nossas aulas.

Lorenzato (2012) apresenta uma discussão muito interessante sobre o uso do material didático. Segundo o autor, "Material didático (MD) é qualquer instrumento útil ao processo de ensino-aprendizagem. Portanto, MD pode ser um giz, uma calculadora, um filme, um livro, um quebra-cabeça, um jogo, uma embalagem, uma transparência, entre outros" (Lorenzato, 2012 p. 18).

Podemos então entender que material didático é algo cotidiano. Com um olhar atento ao que nos rodeia, podemos encontrar oportunidades para desenvolver atividades muito produtivas. Lorenzato (2012) adverte que o MD é apenas um fator do aprender, porém precisa estar muito conectado com todo os demais elementos que constituem a educação em sua totalidade. Por isso, é importante ter clareza do que queremos trabalhar para podermos fazer a escolha certa. Nesse sentido, Abreu (2013, p. 2) concorda com Lorenzato:

> Os materiais manipuláveis surgem como fortes auxiliares do processo de ensino e aprendizagem que impulsionam esta visão construtivista de ensino. Ao longo do percurso escolar, além dos materiais básicos, como a régua, o compasso, o esquadro e o transferidor, é importante que os alunos tenham a oportunidade de manipular outro tipo [sic] de materiais, e que o professor esteja atento às dificuldades e erros que estes materiais acarretam na resolução das atividades.

Portanto, a escolha desses materiais requer antecipação, pensamento reflexivo e cuidado. Outro aspecto levantado por Lorenzato (2012, p. 21) é:

Convém termos sempre em mente que a realização em si de atividades manipulativas ou visuais não garante a aprendizagem. Para que esta efetivamente aconteça, faz-se necessária também a atividade mental, por parte do aluno. E o MD pode ser um excelente catalisador para o aluno construir seu saber matemático.

Rosa Neto (2010) chama a atenção para a importância da interação nas atividades com manipulação de objetos, pois essa atividade pode se tornar uma ação empírica, e não de interação. É importante refletir sobre suas palavras:

> O empirista e o interacionista podem utilizar o mesmo material, porém com métodos e objetivos diferentes. O empirista repete a experiência várias vezes, **explicando** como "retirar" as informações do material. E repete a atividade até o aluno "acertar". O que pode acontecer é o aluno construir alguns esquemas de ação, apesar do professor. O interacionista troca o explicar pelo perguntar, promovendo atividades oportunas, sequenciais, pressupondo etapas de desenvolvimento, motivando o aluno a construir o novo apoiando-se no seu acervo de conhecimentos já estabelecido. (Rosa Neto, 2010, p. 53, grifo do original)

A simples oferta de material e de atividades não garante um processo de ensino-aprendizagem em que o aluno constrói seu conhecimento. Portanto, para escolher bem, é preciso que o professor tenha um mínimo de conhecimento sobre os materiais, sobre suas finalidades e possibilidades de uso. É isso que discutiremos no decorrer deste livro. No entanto, antes de mergulharmos nesse assunto, vamos reconhecer algumas características do que se entende por MD concreto manipulável.

Lorenzato (2012) explica que os MDs podem ser de vários tipos. Por exemplo, há aqueles que não permitem modificações em suas formas. São **estáticos** e, por isso, permitem apenas a observação, como os sólidos geométricos. Nesse grupo há os que admitem interação do aluno, como o ábaco, os jogos de tabuleiro, o material dourado ou o Cuisenaire.

Outro grupo é formado pelos materiais **dinâmicos**, que permitem transformações, pois são constituídos de peças que se articulam e que podem mudar de forma sem perder a continuidade. Tais materiais possibilitam estudar rotação, simetria e diferentes formas geométricas.

É também verdade que, com os recursos tecnológicos atuais, aumenta a gama de materiais possíveis. Mais adiante retomaremos os diferentes exemplos de materiais manipuláveis e outras formas de MDs.

Indicações culturais

BRASIL. Ministério da Educação. Secretaria de Educação Básica. **BNCC – Base Nacional Comum Curricular**. Brasília, 2018. Disponível em: <http://basenacionalcomum.mec.gov.br/images/BNCC_EI_EF_110518_versaofinal_site.pdf>. Acesso em: 10 abr. 2023.

Diante das reflexões até aqui desenvolvida, podemos dizer que conhecer um pouco mais a BNCC é um caminho com o qual já devemos estar acostumados. Porém, é sempre bom reforçar a recomendação, pois esse documento trata de competências, áreas do conhecimento, objetos de conhecimento e habilidades que demandam aproximações cada vez mais frequentes com o texto. Assim, tenha uma ótima leitura!

BRASIL. Ministério da Educação. Secretaria de Educação Fundamental. **Parâmetros Curriculares Nacionais**: terceiro e quarto ciclos do ensino fundamental – Matemática. Brasília, 1998. Disponível em: <http://portal.mec.gov.br/seb/arquivos/pdf/livro03.pdf>. Acesso em: 10 abr. 2023.

Por outro lado, quando pensamos na metodologia do ensino, nos textos dos PCN de Matemática podemos encontrar ideias muito interessantes sobre o ensino dessa ciência. Vale a pena conferir.

Síntese

Ao evidenciarmos as mudanças contextuais globais e, especialmente, as mudanças propostas para a educação brasileira e as diferentes etapas históricas do conhecimento matemático, foi possível perceber que este se formou com base nas necessidades do ser humano, de modo que facilitasse a nossa vida. Dessa forma, você pôde entender como o ensino da matemática se instituiu desde a Antiguidade até os dias de hoje.

Um dos destaques no ensino da matemática foi a formação e a expansão do Movimento da Matemática Moderna (MMM) no final do século XIX, o qual teve grande importância no Brasil já nas primeiras décadas do século XX. É importante lembrar que Felix Klein foi o idealizador desse movimento e que Euclides Roxo foi seu principal discípulo no Brasil.

No entanto, no decorrer do século XX, houve uma grande mudança de contexto em função do elevado desenvolvimento da tecnologia e da globalização, o que gerou a demanda da formação de pessoas capazes de desenvolver o pensamento por meio do conhecimento.

Além disso, surgiram diferentes propostas de mudanças na educação brasileira, de modo especial aquelas que ocorreram a partir da década de 1980 com a LDBEN n. 9.394/1996. Nesse sentido, destacam-se os documentos norteadores, como os PCN e, a partir de 2018, a BNCC, que é um documento normativo.

No caso do ensino da Matemática, em ambos os documentos percebemos a presença dos elementos destacados nas pesquisas e que conduzem a algumas propostas de trabalho como: resolução de problemas; modelagem matemática; uso das novas tecnologias; uso da história da matemática; etnomatemática; e trabalho por projetos.

É interessante observar que o uso do material didático (MD) ocupa um lugar de destaque em todas as propostas consideradas adequadas ao contexto do início do século XXI. Dentre eles, destacamos o material concreto, que o aluno pode manipular e, com isso, construir de forma mais eficaz os conceitos matemáticos, indo além da memorização e da aplicação descontextualizadas dos conceitos. Os MDs concretos podem ser estáticos ou dinâmicos e demandam criatividade. Ou seja, as aulas de matemática podem contribuir para a formação e o desenvolvimento do pensamento matemático considerando as características do aluno em sua faixa etária e as demandas do contexto local e global.

Atividades de autoavaliação

1. Associe a abordagem matemática com sua respectiva característica e, depois, indique a sequência correta:

   1. Tradicional
   2. Etnomatemática
   3. Resolução de problemas
   4. Modelagem matemática

   ( ) Transformar problemas da realidade em problemas matemáticos e resolvê-los interpretando suas soluções na linguagem do mundo real.

   ( ) Absorção de conteúdos pela repetição de exercícios.

   ( ) A matemática e os distintos contextos naturais e socioeconômicos da realidade.

   ( ) Uma forma complexa de combinação dos mecanismos cognitivos disponibilizados no momento em que o sujeito se depara com uma situação para a qual precisa buscar alternativas de solução.

   Agora, assinale a alternativa que apresenta a sequência numérica obtida:

   a) 1, 4, 2, 3.
   b) 4, 1, 2, 3.
   c) 2, 1, 4, 3.
   d) 3, 2, 4, 1.

2. Leia atentamente as afirmativas a seguir e marque com (V) as verdadeiras e com (F) as falsas:

   ( ) O movimento da matemática moderna nasceu da tentativa de questionar e se opor ao ensino tradicional da matemática.

   ( ) Os materiais concretos se referem apenas aos materiais manipuláveis, ou seja, àqueles que os alunos podem manusear.

   ( ) A manipulação de objetos por si só garante a construção do conhecimento matemático.

   ( ) A BNCC enfatiza a resolução de problemas para o ensino de matemática, e isso inclui os materiais concretos.

Agora, assinale a alternativa que apresenta a sequência correta:
a) V, F, F, V.
b) F, F, F, V.
c) V, V, F, F.
d) V, V, F, V.

3. Analise as afirmações a seguir sobre o ensino de Matemática e as orientações da Base Nacional Comum Curricular (BNCC).
   I. O propósito da BNCC é o desenvolvimento do raciocínio lógico e da argumentação fundamentada.
   II. A BNCC incentiva a capacidade de investigação e o trabalho colaborativo.
   III. A matemática contribui para o conhecimento da realidade atual.

   Agora, assinale a alternativa que indica as afirmativas corretas:
   a) Somente a afirmativa I está correta.
   b) Somente a afirmativa II está correta.
   c) Somente a afirmativa III está correta.
   d) Todas as afirmativas estão corretas.

4. A respeito das tendências do ensino de Matemática, numere a segunda coluna de acordo com a primeira:

   (1) Jogos e desafios ( ) Formas culturais de geração, organização e transmissão de conhecimento.
   (2) Etnomatemática ( ) Digitalização da realidade e aprendizagem.
   (3) Uso de tecnologias ( ) O aspecto lúdico alivia a tensão e ajuda a aprender.

   Agora, assinale a alternativa que apresenta a sequência numérica obtida:
   a) 2, 3, 1.
   b) 1, 2 ,3.
   c) 3, 2, 1.
   d) 1, 3, 2.

5. A Base Nacional Comum Curricular (BNCC) é um documento normativo da educação brasileira. Analise as afirmações a seguir sobre a maneira como a Matemática é apresentada nesse texto.

   I. As contribuições da Matemática para a educação independem das relações com as demais disciplinas.
   II. O ensino de Matemática precisa ultrapassar o acúmulo de informações.
   III. A educação integral é um caminho importante para garantir o acesso e a inclusão de todos.

   Agora, assinale a alternativa que indica todas as afirmativas corretas:
   a) As afirmativas I e II estão corretas.
   b) As afirmativas II e III estão corretas.
   c) As afirmativas I e III estão corretas.
   d) Somente a afirmativa III está correta.

Atividades de aprendizagem

Questões para reflexão

1. Tendo por base que os conceitos matemáticos foram construídos por meio da manipulação de objetos e da busca de soluções para problemas cotidianos e de sobrevivência, indique quais destes os personagens retratados na imagem a seguir estão utilizando.

Adriano Pinheiro

2. Organize uma linha do tempo que demonstre a trajetória da formação do pensamento matemático e suas características. Siga o modelo apresentado.

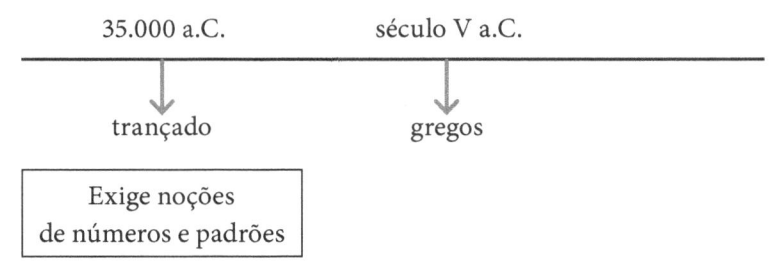

```
        35.000 a.C.              século V a.C.
   ─────────┬──────────────────────────┬──────────────
            ↓                          ↓
         trançado                    gregos
```

| Exige noções |
| de números e padrões |

Atividade aplicada: prática

1. A figura a seguir representa um conjunto de sólidos geométricos que podem ser utilizados em sala de aula.

a) Proponha uma atividade em que os alunos devam observar e descrever cada uma das peças.

b) Analise essa atividade considerando as noções sobre material concreto apresentadas neste capítulo.

O DESENVOLVIMENTO E A FORMAÇÃO DO PENSAMENTO MATEMÁTICO

Neste capítulo, abordaremos as ideias básicas de dois teóricos que tratam do desenvolvimento cognitivo: Piaget e Vygotsky. A ênfase que daremos aqui é no que se entende por *aprender*; estudaremos os aspectos principais de cada uma das teorias com relação ao desenvolvimento cognitivo e, por fim, as contribuições de cada uma delas para o ensino da matemática.

Se você é professor, esperamos que relacione as características do desenvolvimento cognitivo apresentadas pelas teorias em estudo com o que observa em seus alunos. Isso é importante para que possa elaborar uma leitura de suas turmas e escolher as formas mais adequadas para desenvolver suas aulas. Vale destacar que este estudo está diretamente vinculado ao que já vimos no Capítulo 1, pois as diferentes tendências que emergiram e se constituíram no decorrer do século XX têm muitas influências das teorias do desenvolvimento cognitivo.

2.1 O QUE É *CONHECER* PARA PIAGET?

Jean Piaget é um dos nomes mais citados quando se fala de compreender como acontece o *aprender*. Ele é, portanto, uma das grandes referências no assunto. No entanto, temos de ter em mente que existem muitas interpretações sobre sua teoria, entre as quais estão distorções e apropriações sem muito aprofundamento. Sendo assim, aconselhamos que você, para além do que pretendemos apresentar aqui, busque ler as obras do próprio Piaget e de alguns outros autores que as comentam.

Indicações culturais

JEAN Piaget: vida, teoria e obra. Disponível em: <http://www.suapesquisa.com/piaget/>. Acesso em: 25 abr. 2023.

Aqui você poderá ver mais sobre a obra de Piaget.

MENDES, C. S. B. **Jean Piaget**. Disponível em: <http://www.infoescola.com/biografias/jean-piaget/>. Acesso em: 25 abr. 2023.

Nesse site, você poderá verificar a biografia de Piaget.

É interessante deixar claro que este texto não pretende estudar todo o conjunto da teoria de Piaget, mas trazer apenas alguns aspectos que consideramos fundamentais para que você compreenda um pouco mais o ensino da matemática e o uso de materiais concretos.

Para começar, vamos considerar o pensamento de Nogueira, Bellini e Pavanelo (2013, p. 51, grifo nosso): "O **conhecimento**, para Piaget, é uma **construção contínua** que começa em nosso nascimento e atravessa nossa vida até a morte". Ou seja, conhecer é um processo que não acaba. O que conhecemos hoje, amanhã podemos conhecer novamente, pois a isso incorporamos novos aspectos antes não percebidos.

Flavell, Miller e Miller (1999) nos ajudam quando explicam que, para Piaget, a **cognição humana** é um processo muito ativo, pois seleciona e interpreta ativamente a informação ambiental à medida em que constrói seu próprio conhecimento. Isso quer dizer que a mente humana não copia a informação, mas "constrói suas estruturas de conhecimento tomando os dados externos e interpretando-os, transformando-os e reorganizando-os" (Flavell; Miller; Miller, 1999, p. 11).

Segundo Lopes, Viana e Lopes (2007), Piaget entende que o conhecimento se dá pela capacidade do indivíduo em se adaptar ao seu ambiente, ou seja, pela sua capacidade de reagir às perturbações impostas pelo meio.

Para entender melhor, podemos nos apoiar em Flavell, Miller e Miller (1999) quando afirmam que, para compreender melhor a cognição humana, é preciso dar atenção ao fenômeno da adaptação. Segundo esses autores, tal processo inclui dois aspectos simultâneos e complementares: a assimilação e a acomodação.

Assimilação significa aplicar o que já sabemos. Por exemplo: quando a criança pega um cabo de vassoura e brinca como se este fosse um cavalinho, ela "incorpora o objeto ao todo da estrutura de seu conhecimento" (Flavell; Miller; Miller, 1999, p. 11) – nesse caso, sobre cavalos. Já a *acomodação*, segundo os mesmos autores, pode ser entendida como o ajuste do conhecimento em função do que se deu na assimilação.

Desse modo, "A assimilação [...] refere-se ao processo de adaptar os estímulos externos às estruturas mentais internas, enquanto a acomodação refere-se ao processo reverso ou complementar de adaptar essas estruturas mentais desses mesmos estímulos" (Flavell; Miller; Miller, 1999, p. 11). Perceba que há um desequilíbrio quando ocorre a assimilação e, depois da acomodação, há um novo equilíbrio. É importante destacar que tais processos ocorrem de forma múltipla e que, a cada relação entre assimilação e acomodação, o conhecimento vai sendo construído.

Por isso, é interessante destacar que, para Piaget (1975, p. 353), "o ideal da educação não é aprender ao máximo, maximizar os resultados, mas é antes de tudo aprender a aprender, aprender a se desenvolver e aprender a continuar a se desenvolver depois da escola".

Gravina e Santarosa (1998, p. 76, grifo do original) fornecem uma síntese do que podemos entender a respeito do processo de *conhecer* desenvolvido pelo ser humano:

Os desequilíbrios entre experiência e estruturas mentais é que fazem o sujeito avançar no seu desenvolvimento cognitivo e conhecimento, e Piaget procura mostrar o quanto este processo é natural. O novo objeto de conhecimento é **assimilado** pelo sujeito através das estruturas já constituídas, sendo o objeto percebido de uma certa maneira; o "novo" produz conflitos internos, que são superados pela **acomodação** das estruturas cognitivas, e objeto passa a ser percebido de outra forma. Neste processo dialético é construído o conhecimento. O meio social tem papel fundamental na aceleração ou retardação deste desenvolvimento.

Diante dessas ideias, já é possível dizer que Piaget mostra que é pela interação do sujeito com o meio que as estruturas de conhecimento vão sendo construídas e se tornam cada vez mais elaboradas.

Outro aspecto apontado na teoria de Piaget (1975) refere-se aos **estágios de desenvolvimento** descritos por ele. Convém destacar que os limites de idade correspondentes a cada um deles não são inflexíveis. Assim, pode ser que uma criança de 9 anos apresente características do estágio anterior ou posterior ao que se define para a idade dela.

A seguir, apresentamos esses estágios e suas principais características tendo por base os trabalhos de Nogueira, Bellini e Pavanelo (2013):

1. **Sensório-motor** – Compreende a faixa etária de 0 a 2 anos e é a fase em que a criança explora o mundo por meio dos sentidos e do seu corpo; age diretamente sobre o objeto com ações como sugar e puxar; de modo geral, podemos dizer que é o estágio em que predominam as percepções sensoriais e os esquemas motores.

2. **Intuitivo ou pré-operatório** – Compreende a faixa etária de 2 aos 7 anos. A linguagem oral "permite à criança agir em pensamento e o estabelecimento da representação simbólica da realidade" (Nogueira; Bellini; Pavanelo, 2013, p. 52). Porém, o pensamento da criança é inflexível, pois seu ponto de referência é ela mesma. Em função disso, ela ainda não consegue, por exemplo, entender que, ao dividirmos uma barra de chocolate em duas partes, continuamos com a mesma quantidade de chocolate. Ela pensará que temos mais chocolate após a divisão, ou seja, ela não consegue desmanchar

em pensamento a ação de quebrar a barra de chocolate para descobrir que esta só foi quebrada e que não foi acrescentado chocolate. Essa operação é chamada de *reversibilidade*; a ausência de reversibilidade leva à ausência de conservação de quantidade.

3. **Operatório ou operatório-concreto** – Compreende a faixa etária dos 7 aos 11 anos; é a fase em que o pensamento lógico predomina, mas a criança ainda precisa de apoio do concreto. Você deve lembrar que, quando aprendeu a contar, precisou dos seus dedos ou de palitos ou outro objeto para estabelecer o raciocínio.

4. **Lógico-formal ou operatório-formal** – Verifica-se a partir dos 12 anos. É o período marcado pelo raciocínio sobre o possível, ou seja, a pessoa não precisa mais do apoio do concreto e consegue pensar abstratamente, sem visualizar e manipular os objetos.

Com essas breves ideias, já reunimos informações importantes sobre a teoria de Piaget. Agora é momento de nos perguntarmos: Que tipo de aluno se pretende quando consideramos Piaget?

A resposta mais interessante é: um aluno ativo, capaz de construir seu próprio conhecimento.

Por outro lado, Gravina e Santarosa (1998) lançam uma questão interessante de se pensar quando buscamos apoio na teoria piagetiana para compreender e melhorar o ensinar e o aprender em matemática: "como projetar atividades que façam com que os alunos se apropriem de ideias matemáticas profundas e significativas?" (Gravina; Santarosa, 1998, p. 77). Essas são duas questões amplas e que exigem de nós um pouco mais de reflexão e busca pelo conhecimento.

Como a intenção dessa discussão é preparar o caminho para a compreensão do uso de materiais concretos em aulas de matemática para os anos finais do ensino fundamental, é necessário estudarmos com cuidado o que Piaget diz a respeito dos jovens na faixa de 11 a 15 anos. É sobre isso que vamos conversar a seguir.

2.2 Características gerais dos alunos dos anos finais do ensino fundamental

Inicialmente, podemos dizer que os anos finais do ensino fundamental correspondem à fase do **pensamento científico**. O que nos permite afirmar isso? É preciso enfatizar que o adolescente já consegue pensar submetendo a realidade ao possível, pois, como nos dizem Flavell, Miller e Miller (1999, p. 117), "para o pensador operatório-formal, por outro lado, a realidade é vista como aquela porção particular do mundo muito mais amplo da possibilidade que existe ou aplica-se a uma situação-problema dada". Em outras palavras, o indivíduo não precisa mais se apoiar no concreto e pode admitir possibilidades de explicar ou resolver uma situação antes de conferi-la na realidade – chamamos isso de *elaborar hipóteses*. Tais operações mentais podem ser desenvolvidas não só quando são relacionadas ao momento presente, mas também ao futuro, ou seja, o aluno pode deduzir. Por isso, chamamos de *raciocínio hipotético-dedutivo*.

Por outro lado, os adolescentes já conseguem ter maior concentração nas afirmações verbais e também avaliar sua validade, estabelecendo proposições e raciocinando sobre elas. A seguinte reflexão de Flavell, Miller e Miller (1999, p. 118) pode nos ajudar bastante neste momento:

> Embora um pensador operatório-formal também teste naturalmente proposições individuais contra a realidade, ele faz algo mais que confere uma qualidade muito especial ao seu raciocínio. Ele raciocina sobre as relações lógicas que existem entre duas ou mais proposições, uma forma mais útil e abstrata de raciocínio que Piaget chamou de interproposicional. A mente menos madura olha somente para a relação factual entre uma proposição e a realidade empírica à qual ela se refere; a mente mais madura olha também o contrário, para a relação lógica entre uma proposição e outra.

O que podemos entender com isso é que o tipo de raciocínio desenvolvido conta com proposições ou ideias que podem ser articuladas, e isso torna os esquemas mentais mais complexos, ampliando a possibilidade de construção do conhecimento de forma mais elaborada. Dessa maneira, podemos pensar que o adolescente está mais apto a construir conceitos mais avançados, coordenando e estruturando ações sobre as relações resultantes das articulações feitas (Nogueira; Bellini; Pavanello, 2013).

Preste atenção no seguinte: nessa fase, o adolescente observa com detalhes e analisa o que aquela realidade pode oferecer naquele momento, estabelecendo hipóteses, fazendo deduções, testando suas hipóteses, verificando a veracidade destas e elaborando suas explicações para o fato estudado. Logo, pensa de modo científico. Você não se lembrou do método científico, por acaso? Observar, levantar hipóteses, testar e elaborar leis e teorias.

E como isso se aplica ao ensino de Matemática? É o que vamos discutir na sequência.

Indicações culturais

JEAN Piaget – fases do desenvolvimento. 2009. Disponível em: <https://www.youtube.com/watch?v=EnRlAQDN2go>. Acesso em: 17 ago. 2023.

Saiba mais sobre Jean Piaget e sua teoria assistindo a esse vídeo.

2.3 Contribuições da teoria de Piaget para a compreensão da formação do pensamento matemático

Piaget (citado por Nogueira; Bellini; Pavanello, 2013) defende que a aprendizagem é um processo longo, que ocorre durante toda a vida. Em relação ao contexto educacional da época, isso o coloca em posição oposta à escola tradicional e ao behaviorismo, pois ambos defendem a absorção de conceitos, leis e teorias pelo processo de repasse, repetição e memorização – como se o cérebro do aluno fosse um local onde fosse possível depositar tais coisas.

Em seus estudos, Piaget (citado por Nogueira; Bellini; Pavanello, 2013) apresenta algumas ideias sobre a aprendizagem que não podemos deixar passar. Na perspectiva desse pensador, há aprendizagens que resultam das interações com o meio, como as coordenações de funções (por exemplo, respirar e engolir a comida sem se afogar, locomover-se em diferentes ambientes, ter noção de tempo e de espaço, entre outros). Essa aprendizagem é denominada por Piaget de *aprendizagem no **sentido lato*** (Nogueira; Bellini; Pavanello, 2013).

Por outro lado, há a aprendizagem no **sentido estrito**, que resulta da interação intencional e específica do indivíduo com o meio em que se encontra. Por exemplo, você está sendo conduzido a compreender os aspectos básicos da teoria de Jean Piaget, isso é uma aprendizagem no sentido estrito, pois há toda uma estrutura desenvolvida para que você possa construir esse conhecimento que irá se refletir em sua sala de aula – ou seja, há a intencionalidade de quem escreveu esta obra. Diante disso e das ideias apresentadas pelos pesquisadores escolhidos para nos acompanhar nesta caminhada, podemos concluir que:

- a qualidade e a quantidade de interações da pessoa com o meio definem a construção do conhecimento;
- as interações também podem ser direcionadas intencionalmente.

Vale a pena acrescentar a isso uma ideia trazida por Morgado, citado pelo pesquisador português Sousa (2023): "Em duas palavras podemos pois afirmar que, na perspectiva piagetiana, a aprendizagem aparece sempre ligada à superação de contradições internas surgidas entre os esquemas do sujeito, que se encontram em diferentes fases de formação".

A ideia de **superar contradições** internas nos aproxima e exemplifica o que muitas vezes sentimos ao estudar algum assunto novo ou até mesmo ao retomarmos um assunto antigo em que percebemos elementos que não tínhamos detectado anteriormente.

Com base nos princípios da teoria de Piaget, concluímos que o ensino deve:
- ser **ativo**, possibilitando ao aluno a experimentação;
- buscar **soluções** para situações diversas na vida cotidiana;
- apresentar situações que causem **prazer** ao serem resolvidas e, com isso, melhorar a autoconfiança do aluno, estimulando nele a busca pela autonomia.

Nogueira, Bellini e Pavanello (2013) apontam as respostas mais comuns sobre o motivo principal pelo qual ensinamos matemática: porque está no currículo; porque desenvolve o raciocínio; porque está presente no cotidiano. No entanto, o que poderia melhorar nessa percepção?

Para começar, vamos nos apoiar no que dizem Nogueira, Bellini e Pavanello (2013, p. 57):

> Não podemos afirmar que a matemática desenvolve o raciocínio, mas podemos dizer que contribui para o desenvolvimento do raciocínio dedutivo, um rico modo de pensar o mundo. De acordo com Piaget (1981) é a constituição das operações que permitem a construção do número, do espaço, do tempo e da velocidade etc., que transforma a pré-lógica intuitiva e egocêntrica do sensório-motor em coordenação racional, ao mesmo tempo dedutiva e experimental. Assim, ao desvendar a construção do número, Piaget (1981) busca compreender como a inteligência prática do sensório-motor se organiza em sistemas operatórios no plano do pensamento, sistemas estes que permitem o desenvolvimento do pensamento, da reflexão.

O **raciocínio dedutivo** é um produto fundamental na educação, especialmente para a matemática, e se desenvolve por meio de operações que podem resultar de situações intencionalmente preparadas ou simplesmente pelas situações cotidianas, de modo que a lógica característica do período sensório-motor se transforma em um modo de pensar formado por esquemas cognitivos cada vez mais complexos e que permitem o encadeamento de ideias, gerando a reflexão, fundamental no processo do aprender.

Nogueira, Bellini e Pavanello (2013, p. 57) ajudam a compreender melhor essa ideia:

> De acordo com teoria piagetiana, porém, esta reflexão não se faz no vazio. Ela tem necessidade de um suporte: objetos, ações, representações gráficas, enunciados de problemas etc. Estes suportes de pensamento são "manipulados" por instrumentos cognitivos que cada um de nós constrói progressivamente. Por exemplo, se o instrumento cognitivo que uma criança construiu é a contagem, é com isso que ela irá trabalhar a matemática. Conta e volta a contar para ter certeza e, ao fazer isto, reflete e aprimora a sua contagem.

É aí que entram os materiais concretos, nosso objeto de estudo nesta obra. O uso dos materiais concretos tem fundamento na teoria piagetiana e são instrumentos que, se bem usados, podem causar resultados muito benéficos, ainda que não devam ser vistos como a salvação para todos os problemas.

Segundo Nogueira, Bellini e Pavanello (2013), ao pensarmos a teoria piagetiana e o ensino da Matemática, devemos considerar os três aspectos a seguir:

1. A abordagem das situações a serem propostas deve ser global e privilegiar os processos essenciais em matemática: classificar, seriar, comparar, analisar, sintetizar, relacionar as partes e o todo, generalizar, entre outros.

2. Em situações de aprendizagem, o mais importante é a abertura para as diferentes possibilidades de respostas e formas de apresentar essas respostas, de modo que o aluno possa perceber seus erros e assim retomar o trabalho.

3. O tratamento dado ao erro do aluno: em vez de apontar o erro, é interessante questionar a resposta, pedir explicações sobre como foi feita a resolução, pois isso encoraja-o a apresentar seu raciocínio sem ser constrangido e estimula a persistência em buscar a solução, o que, consequentemente, contribui para a autoestima e o desenvolvimento da autonomia.

Diante disso tudo que estamos estudando, como fica o professor?

Constance Kamii é um dos grandes nomes do ensino da Matemática quando falamos de teoria piagetiana, tendo realizado estudos mais aprofundados sobre a formação do pensamento matemático, de modo especial na formação da concepção de número. No entanto, essa autora também pesquisa e discorre sobre outros aspectos, entre eles as características do professor necessárias para o desenvolvimento do pensamento matemático com inspiração em Piaget. Kamii (1986) destaca que o professor deve estar sempre alerta para o que acontece em sua sala de aula, pois ali podem surgir situações-problema muito interessantes. O professor não deve se deixar convencer de que, para suas aulas darem certo, é preciso optar pelo mais fácil sempre; ele deve incentivar os alunos a pensar.

Indicações culturais

CONSTANCE KAMII. Disponível em: <https://sites.google.com/site/constancekamii/>. Acesso em: 25 abr. 2023.

Saiba mais sobre Constance Kamii acessando seu site oficial.

Certamente você já percebeu que o papel do professor mudou bastante, pois, em vez de repassador e cobrador de conteúdos, passou a ser o de **questionador**, aquele que propõe perguntas, que orienta a busca de respostas.

Com isso, podemos dizer que temos um bom começo de estudo da relação entre o ensino de Matemática e a teoria piagetiana. Vamos agora nos dirigir a outra abordagem do desenvolvimento cognitivo e assim procurar entender como o ensino da Matemática pode se beneficiar dela.

2.4 Contribuições da teoria de Vygotsky para a compreensão da formação do pensamento matemático

O final do século XIX e todo o século XX foram carregados de produções a respeito de como entender o desenvolvimento humano. Isso se justifica pelo contexto que caracteriza esse momento, que é de grandes mudanças em função da tecnologia e do modo de viver.

Nesse sentido, uma das abordagens que se ocupou do desenvolvimento cognitivo leva o nome de *contextual* (Flavell; Miller; Miller, 1999). Tal abordagem tem como precursores o cientista bielorrusso **Lev Vygotsky** e os autores Luria e Leontiev.

Indicações culturais

MACHADO, G. M. **Vygotsky**. Disponível em: <http://www.infoescola.com/biografias/vigotski>. Acesso em: 25 abr. 2023.

Nesse site você poderá conhecer a biografia de Vygotsky.

> A abordagem contextual valoriza a influência das **relações sociais** vividas pelo educando em seu desenvolvimento cognitivo. Dessa maneira, "a criança no contexto social é uma unidade de estudo irredutível. [...] os domínios social e cognitivo estão inextrincavelmente ligados; o pensamento é sempre social, em certo sentido" (Flavell; Miller; Miller, 1999, p. 20).

Então, podemos dizer que o aprender se dá no convívio com os mais velhos e na busca de bom desempenho em tarefas? Esse questionamento é um bom começo para pensarmos o aprender de acordo com a abordagem contextual.

Observe que estamos inseridos em uma sociedade que tem legados culturais diversos em sua história. Cada cidade, estado ou país tem suas marcas culturais específicas, e isso oferece diferentes habilidades cognitivas que podem e devem ser estimuladas e consideradas no modo de compreender sua realidade.

Por outro lado, há também o conjunto de influências que vêm do local em que a criança vive: a família, a escola, os amigos e demais ambientes em que a criança esteja com frequência. Nesse caso, os adultos têm papel fundamental, pois são eles que transmitem regras e valores, que orientam e incentivam.

Nesse sentido, Flavell, Miller e Miller (1999, p. 20) destacam o papel dos adultos: "Nessa 'participação orientada', os adultos organizam as atividades da criança, direcionam sua atenção, regulam a dificuldade das tarefas e oferecem instruções tanto explícitas como implícitas".

Mas o que significa *aprender* na abordagem contextual?

Flavell, Miller e Miller (1999, p. 21) ensinam que "Uma criança se desenvolve fazendo coisas com outros mais avançados, observando o que eles fazem, reagindo ao seu feedback corretivo, escutando suas instruções e explicações e aprendendo a usar suas ferramentas e estratégias para resolver problemas".

No entanto, a criança não pode ser passiva, mas ser incentivada a escolher estratégias e a testá-las e reformulá-las, se for o caso. Flavell, Miller e Miller (1999, p. 21, grifo nosso) descrevem como ocorre a mudança conceitual:

> Um processo final de mudança cognitiva é, talvez, o mais importante. Rogoff (1990) refere-se ao processo de construir pontes entre o que a criança sabe no presente e novas informações. A mudança cognitiva envolve mover-se através da **zona de desenvolvimento proximal**, um conceito de Vygotsky. Esta zona é a área onde a criança está agora, em termos cognitivos, e onde ela poderia chegar sendo ajudada. Um adulto ou par mais avançado pode guiar a criança nessa zona. Assim como o grau de mudança possível através da assimilação e da acomodação é restrito na teoria de Piaget, a zona de desenvolvimento proximal também está limitada. As crianças têm que se basear naquilo que já compreendem e não podem pular etapas intermediárias. Assim sendo, o desenvolvimento cognitivo necessariamente acontece de forma gradual.

Nesse sentido, é importante considerar o pensamento de Sousa (2023), ao dizer que os adultos e o processo do ensinar são muito importantes para o processo de aprender, pois por meio destes as crianças conseguem atingir novos níveis de desenvolvimento. Assim, o ato de educar acontece quando se age sobre as funções em vias de maturação.

Sousa (2023, p. 20) ainda sintetiza a concepção de desenvolvimento cognitivo, dizendo que este

> seria formado pelo processo de internalização da interação social com materiais fornecidos pela cultura, sendo o processo construído do exterior para o interior. O sujeito não seria assim, apenas ativo, mas interativo, na medida em que formaria conhecimentos e constituir-se-ia com base nas relações intra e interpessoais. Na partilha com outros sujeitos e consigo próprio, ir-se-iam internalizando conhecimentos, papéis e funções sociais, permitindo a formação de conhecimentos e da própria consciência.

Você já deve ter percebido que o ensino tradicional não tem muitas chances nessa abordagem. E por qual motivo? Em primeiro lugar, para que alguém atinja um nível de desenvolvimento cognitivo mais elevado, é indispensável que seja **desafiado**. E, nesse caso, o professor é aquele que promoverá intervenções de modo a direcionar o aluno nessa caminhada, propondo atividades que envolvam pesquisa, experimentação, problemas a serem resolvidos, assim como jogos que devem estimular o trabalho coletivo e a percepção da responsabilidade que cada um tem para que a solução seja alcançada.

Em segundo lugar, a escola passa a ser espaço de **intervenção** para que a zona de desenvolvimento proximal de cada aluno e de todo o grupo seja provocada e produza novas representações a respeito do que se estuda. Desse modo, o processo de aprender não é solitário e depende da interação com os demais e dos avanços na zona de desenvolvimento proximal. Desse modo, incentivamos um relacionamento de qualidade entre os componentes dos diferentes grupos.

Mas o que tudo isso tem a ver com o ensino de Matemática?

O primeiro ponto a se destacar é o fato de que, desse modo, a matemática deve ser trabalhada não de maneira fragmentada, e sim contextualizada, partindo da realidade do aluno. O segundo aspecto importante é que devemos refletir sobre a importância de trabalhar com a resolução de problemas, jogos e tecnologias, visto que cada uma dessas atividades precisa que o sujeito seja estimulado a se mover na zona de desenvolvimento proximal.

Assim, encerramos essa reflexão. No entanto, voltamos a destacar que há muito mais a saber sobre esse assunto. Sugerimos que, na medida em que avançar em seus estudos, as ideias de Piaget e Vygotsky sejam sempre consideradas.

2.5 Matemática, BNCC, Piaget, Vygotsky: aproximações

Não seria possível encerrar essa reflexão sem considerar o que a BNCC indica como esperado para o ensino de matemática, de forma mais específica:

> A Matemática não se restringe apenas à quantificação de fenômenos determinísticos – contagem, medição de objetos, grandezas – e das técnicas de cálculo com os números e com as grandezas, pois também estuda a incerteza proveniente de fenômenos de caráter aleatório. A Matemática cria sistemas abstratos, que organizam e inter-relacionam fenômenos do espaço, do movimento, das formas e dos números, associados ou não a fenômenos do mundo físico. Esses sistemas contêm ideias e objetos que são fundamentais para a compreensão de fenômenos, a construção de representações significativas e argumentações consistentes nos mais variados contextos. Apesar de a Matemática ser, por excelência, uma ciência hipotético-dedutiva, porque suas demonstrações se apoiam sobre um sistema de axiomas e postulados, é de fundamental importância também considerar o papel heurístico das experimentações na aprendizagem da Matemática. (Brasil, 2018, p. 265)

Ou seja, aprender Matemática inclui aprender a compreender o mundo, a perceber seu inacabamento, a identificar problemas, a usar os conhecimentos matemáticos para propor soluções de modo crítico, coletivo e colaborativo. Aprender Matemática significa desenvolver habilidades que orientam o pensamento no sentido de reconhecer os elementos do mundo, associá-los, compará-los e, assim, estabelecer parâmetros, medidas, estimar resultados, entre outras possibilidades. Enfim, aprender Matemática inclui aprender a fazer escolhas.

É certo que você já entendeu que, para ensinar Matemática, é importante estudar o modo como o cérebro funciona e se desenvolve no decorrer das diferentes fases da vida, pois isso nos permite apresentar situações que promovam as muitas conexões que despertam a atenção, formam a memória e permitem que sejam desenvolvidos processos que envolvem a atividade constante do aprender. Assim, reconhecer os ensinamentos de Piaget nos permite lidar com as muitas possibilidades de novas sinapses, mas, com Vygotsky, aprendemos que é preciso também a mediação, a referência do viver em sociedade. Assim, desenvolvemos nosso cérebro sendo desafiados a viver juntos.

Nesse sentido, sugerimos que se conheçam as oito competências específicas de matemática para o ensino fundamental, os quais estão no documento BNCC na página 267 (Brasil, 2018). Tais competências poderão aparecer no decorrer dos textos desta obra. Isso ajudará a evidenciar a importância de estabelecer as relações entre o que se espera do ensino da matemática e os conhecimentos sobre o desenvolvimento da pessoa humana e o modo como constrói o conhecimento.

Para tanto, faz parte da formação do professor ter acesso aos fundamentos teóricos já construídos a respeito de como o indivíduo constrói seu conhecimento. Por isso, aproveite bem o que Piaget e Vygotsky nos mostram a respeito e, consequentemente, podem contribuir com a sua formação. Não esqueça de que eles foram e são a grande inspiração para outras explicações que vieram em seguida.

Síntese

Piaget e Vygotsky são os autores de duas grandes teorias a respeito do desenvolvimento cognitivo humano. Para Piaget, os conceitos que representam os processos de desenvolvimento cognitivo e que explicam o aprender são adaptação, assimilação e acomodação. Com base nisso, destacam-se as características dos estágios de desenvolvimento cognitivo, em especial o lógico-formal ou operatório-formal. Isso permite traçar um conjunto de características do aluno dos anos finais do ensino fundamental, facilitando a percepção de como o professor desse ciclo, de modo especial o de Matemática, pode construir suas estratégias de aula.

Por outro lado, Vygotsky enfatiza a influência das relações sociais vividas pelo educando em seu desenvolvimento cognitivo. Nessa teoria, defende-se que o aprender ocorre pela constante estimulação da zona de desenvolvimento proximal, o que pode acontecer pela oferta de situações de aprendizagem que estejam diretamente ligadas ao contexto e nas quais o aluno precise fazer escolhas, montar estratégias e avaliar seus resultados. Desse modo, valoriza-se também o papel dos adultos (professor, familiares etc.) no processo de desenvolvimento da criança e do adolescente.

Diante de aspectos básicos de ambas as teorias, fica claro que o ensino de matemática não pode ocorrer de forma fragmentada nem distante do contexto em que o aluno está, pois isso estimula os mecanismos de desenvolvimento cognitivo. Para tanto, entre as estratégias de trabalho em sala, podemos indicar a resolução de problemas, jogos, uso de tecnologias, trabalho com projetos, entre outros.

Atividades de autoavaliação

1. Piaget e Vygotsky são sempre lembrados por suas importantes contribuições com relação ao desenvolvimento da criança e, consequentemente, para a educação. Com base nisso e nos estudos deste capítulo, analise as afirmativas a seguir e julgue-as indicando se são verdadeiras (V) ou falsas (F):

    ( ) O estágio sensório-motor corresponde às características dos alunos do oitavo ano do ensino fundamental.
    ( ) As ideias de Piaget e de Vygotsky se contrapõem completamente, sendo que, para o ensino da Matemática, usa-se apenas a teoria de Piaget.

( ) Vygotsky defende que o desenvolvimento de uma criança não depende apenas da desenvolvimento de seu organismo, mas também da interação do indivíduo com o meio, incluindo os demais indivíduos.

( ) Vygotsky explica o aprender por meio do conceito de zona de desenvolvimento proximal.

Agora, assinale a alternativa que apresenta a sequência correta:

a) V, F, F, V.
b) F, F, F, V.
c) F, V, F, V.
d) F, F, V, V.

2. Marque a alternativa que apresenta uma das contribuições de Piaget para o ensino da Matemática:

a) O professor e o livro didático devem ser as fontes de informação para os alunos.
b) Em vez de apontar o erro, é interessante questionar a resposta, pedir explicações sobre como o aluno resolveu o problema.
c) Quando um aluno comete erros, o professor deve apenas mostrar a resposta certa.
d) O aprender está diretamente ligado ao tipo de sociedade em que o aluno vive.

3. Vygotsky defende que, com relação ao aprender, é preciso considerar a influência das relações sociais vividas pelo educando em seu desenvolvimento cognitivo. Em função disso, podemos dizer que uma das ideias desse pensador sobre o ensino da Matemática é:

a) A matemática não pode ser trabalhada de forma fragmentada, e sim de forma contextualizada, partindo da realidade do aluno.
b) Os acontecimentos sociais não apresentam influência sobre o desenvolvimento do pensamento matemático de um aluno.
c) O professor deve privilegiar a apresentação fragmentada dos conteúdos, pois isso facilita o acesso à zona de desenvolvimento proximal.

d) Os jogos matemáticos devem ser evitados, pois afastam a possibilidade de aprender corretamente.

4. Tendo em vista que a teoria de Piaget traz grandes contribuições para o ensino de Matemática, leia atentamente as afirmativas a seguir e classifique-as como verdadeiras (V) ou falsas (F).

( ) O indivíduo no estágio do pensamento formal já consegue elaborar hipóteses para resolver problemas.

( ) No estágio formal, o indivíduo consegue estabelecer relações lógicas entre duas proposições.

( ) O professor precisa estar atento ao que acontece na sala de aula e incentivar os alunos a pensar.

( ) Um ensino ativo e prazeroso amplia as possibilidades de desenvolvimento da autoconfiança e da autonomia.

Agora, assinale a alternativa que apresenta a sequência obtida:

a) F, V, V, F.
b) F, V, V, V.
c) V, V, V, V.
d) F, V, F, V.

5. Considerando que a Base Nacional Comum Curricular (BNCC) é um documento normativo para a educação brasileira e que os pensadores Piaget e Vygotsky apresentam contribuições importantes para o ensino e a aprendizagem da matemática, analise as proposições a seguir.

I. Aprender matemática contempla aprender a compreender o mundo, a identificar problemas e a buscar soluções usando os conceitos matemáticos.

II. As teorias de Piaget e Vygotsky apresentam poucas contribuições para um ensino de Matemática capaz de promover a autonomia nos estudantes.

III. Piaget mostra que a interação com o objeto é muito importante, pois, de acordo com a neurociência, o número de sinapses nesse contexto é muito maior e mais significativo.

IV. Vygotsky indica que é preciso aprender em conjunto, por meio dos desafios das relações pessoais e da mediação de outras pessoas com mais experiência.

Agora, assinale a alternativa que indica todas as afirmativas corretas:

a) As afirmativas I e II estão corretas.
b) As afirmativas II e III estão corretas.
c) Somente a afirmativa IV está correta.
d) As afirmativas I, III e IV estão corretas.

ATIVIDADES DE APRENDIZAGEM

Questões para reflexão

1. Elabore um mapa com os conceitos referentes à teoria de Piaget e indique, por meio de setas, a relação entre eles.

2. Compare os aspectos básicos das teorias de Piaget e Vygotsky e indique as principais diferenças entre a concepção de *aprender* desses dois pesquisadores.

Atividade aplicada: prática

1. Nos estudos que estamos realizando, o professor de Matemática, assim como sua formação para atuar em sala de aula, é um dos pontos mais importantes. Você percebeu que o texto que estudou apresenta algumas indicações a respeito de características desse professor para cada uma das teorias.

a) Preencha o quadro a seguir com tais características.

Professor de acordo com Piaget	Professor de acordo com Vygotsky

b) Agora compare os dois perfis de professor. Procure identificar os pontos que considera mais importante. Para finalizar, crie um perfil de professor que considera interessante para o ensino da Matemática no contexto atual.

A EXPRESSÃO GRÁFICA NO ENSINO DE MATEMÁTICA

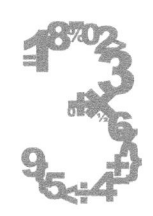

Neste capítulo, vamos refletir sobre a presença e a importância das múltiplas linguagens com que podemos compreender e interferir no mundo. Além disso, trataremos da necessidade de consolidação da interdisciplinaridade da matemática com as demais áreas do conhecimento, por meio da identificação das múltiplas relações que podem ser estabelecidas entre os conceitos matemáticos e as formas de expressá-los. Assim, vamos observar, analisar, lançar hipóteses e elaborar explicações com base em situações vividas em sala de aula.

Os caminhos escolhidos para o desenvolvimento deste capítulo tiveram por base a competência 6 indicada pela Base Nacional Comum Curricular (BNCC) para a matemática, a qual diz:

> Enfrentar situações-problema em múltiplos contextos, incluindo-se situações imaginadas, não diretamente relacionadas com o aspecto prático-utilitário, expressar suas respostas e sintetizar conclusões, utilizando diferentes registros e linguagens (gráficos, tabelas, esquemas, além de texto escrito na língua materna e outras linguagens

para descrever algoritmos, como fluxogramas, e dados). (Brasil, 2018, p. 267)

Além desta, temos a competência 2 que trata de: "Desenvolver o raciocínio lógico, o espírito de investigação e a capacidade de produzir argumentos convincentes, recorrendo aos conhecimentos matemáticos para compreender e atuar no mundo" (Brasil, 2018, p. 267).

A escolha dessas duas competências se deu pela possibilidade de desenvolver o pensamento recorrendo aos diferentes modos de se relacionar com a realidade e de expressar o resultado dessa relação.

Você já teve contato com estudos sobre a *expressão gráfica*? Essa denominação não é muito conhecida. No entanto, compreender as diferentes possibilidades de expressar suas ideias – incluindo a tecnologia, que se desenvolve cada dia mais – é um caminho interessante para que a sala de aula e o aprender sejam mais compreensíveis ao professor.

Assim, apresentaremos agora, de forma breve, os estudos para a elaboração do conceito de **expressão gráfica**, que hoje se encontra aberto. É importante deixar claro que tal conceito pode sofrer modificações a cada vez que se constrói uma forma diversa de expressar o pensamento por meio de elementos gráficos.

3.1 O QUE É EXPRESSÃO GRÁFICA?

Antes de partirmos para a definição e apresentação dos diversos aspectos da expressão gráfica, é importante termos uma noção mínima de como ela se formou. Ao observarmos pinturas rupestres, como as que temos em cavernas em Lascoux, na França, e em Altamira, na Espanha, podemos perceber que, desde sempre, o homem procurou expressar suas ideias, registrar seu cotidiano e suas façanhas, perpetuar suas crenças e estabelecer seu poder. Percebemos também que ali já havia, sem intencionalidade, alguma compreensão dos conceitos básicos do pensamento matemático.

Figura 3.1 – Pintura rupestre

Olhe ao seu redor e observe quantas informações você recebe por meio de elementos gráficos. Agora, preste atenção na Figura 3.2.

Figura 3.2 – Informações cotidianas por meio de imagens

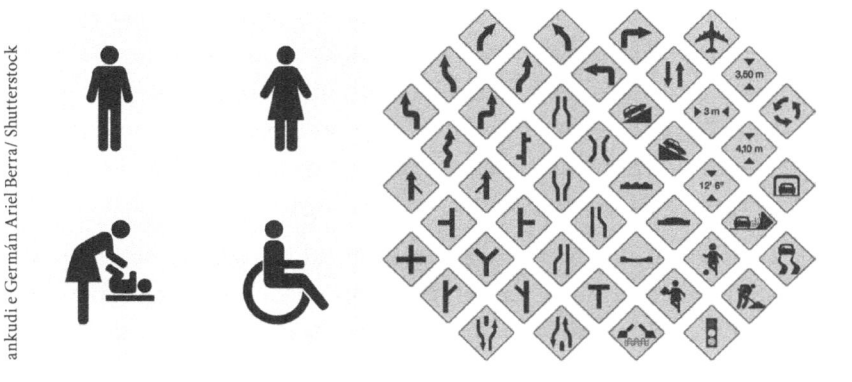

Essa figura mostra diversas placas utilizadas no cotidiano cujas informações facilitam a organização da vida em locais diversos. Elas transmitem valores (por exemplo, o respeito ao cadeirante), regras (áreas restritas a homens ou mulheres), convenções (o significado das placas de trânsito e o conjunto de normas para dirigir de forma responsável). É certo que poderíamos tornar essa lista muito maior, mas já é o suficiente para dar início a essa conversa.

É fato que não é de hoje que os seres humanos utilizam imagens para registrar seus feitos e mandar mensagens, seja de forma clara, seja por meio de código específico. Com o passar do tempo, vários povos foram desenvolvendo suas formas de se expressar e de usar múltiplos materiais (antes da invenção do papel), como barro, folhas de palmeiras, coco e bambu. Assim, desenvolveram a capacidade de desenhar por meio de diversas técnicas, entre elas a perspectiva, a luz e a sombra. O resultado aparece nos diversos tipos de desenho que encontramos na arte, no registro de fatos e costumes ou ainda nas indicações técnicas de processos diversos. Estamos falando de desenho artístico, técnico e de observação que hoje se fazem presentes como uma das muitas áreas do conhecimento.

No entanto, atualmente, com o desenvolvimento da tecnologia, os desenhos podem ser feitos de outros modos que não a lápis ou tinta em um papel. Esse fato permitiu que se multiplicassem os modos de registrar e expressar ideias, sentimentos, regras, fatos, entre outros. Naturalmente, o fato de expressar ideias por imagens se tornou um campo de estudos e, pela grande variedade de possibilidades, gerou o campo da expressão gráfica, que se fez importante em diversas áreas do conhecimento, de modo especial na educação, motivo pelo qual vamos conhecer um pouco mais sobre ele. Para tanto, vamos nos apoiar em Góes (2012), que desenvolveu um estudo profundo a respeito do que se entende por *expressão gráfica*, por meio da análise de artigos que apresentavam estudos a respeito.

Góes (2012) inicia seu trabalho apresentando uma lista com algumas das muitas definições de *expressão gráfica* encontradas em artigos e outras fontes. É interessante notar a diversidade das definições. Portanto, para construir uma concepção de expressão gráfica, consideramos:

- "uma linguagem de comunicação que utiliza uma simbologia gráfica que integra as áreas de Ciências Exatas, Tecnologia e Artes" (Degraf, citado por Góes, 2012, p. 12).
- "a continuação da linguagem falada" (Mendoza et al., citado por Góes, 2012, p. 12).

- "uma indicação clara do desenvolvimento mental do autor do desenho" (Ballestero, citado por Góes, 2012, p. 12).
- "uma manifestação abstrata e generalizada de certas relações matemáticas" (Pólo; Campuzano; Rousseaux, citados por Góes, 2012, p. 13).
- "é produzida usando suporte analógico, como papel, ou suporte digital, transcrita graficamente no monitor de computador" (Caloz; Collet, citados por Góes, 2012, p. 13).
- "aborda a confecção de modelos tridimensionais em forma de maquetes, com o intuito de diminuir as dificuldades, aumentar a motivação, estimular a criatividade e reforçar a aprendizagem em geometria descritiva" (Santos et al., citados por Góes, 2012, p. 13).
- "um meio de revelar e de extravasar emoções ainda no calor do momento, espontaneamente" (Montenegro, citado por Góes, 2012, p. 13).
- Góes e Liblik (2011) discorrem sobre a importância da imaginação e do interesse dos alunos no estudo de formas geométricas e no trabalho com arte nas aulas de Matemática.

Observou que cada autor destacou aspectos diversos a respeito do que pode compor a expressão gráfica? Em função disso, Góes (2012, p. 53) conclui que:

> A expressão gráfica é um campo de estudo que utiliza elementos de desenho, imagens, modelos, materiais manipuláveis e recursos computacionais aplicados às diversas áreas do conhecimento, com a finalidade de apresentar, representar, exemplificar, aplicar, analisar, formalizar e visualizar conceitos. Dessa forma, a expressão gráfica pode auxiliar na solução de problemas, na transmissão de ideias, de concepções e de pontos de vista relacionados a tais conceitos.

Como nosso foco aqui é o ensino de Matemática, é pertinente perguntar: De que forma a expressão gráfica aparece na educação, especialmente no ensino dessa disciplina?

Góes (2012, p. 51, grifo do original), após sua pesquisa em busca da conceituação da expressão gráfica, além de nos oferecer a definição mais ampla, apresenta uma lista dos elementos que podem ser considerados como integrantes do campo da expressão gráfica:

- **Desenho Bidimensional** por meio do desenho geométrico, a mão livre, croqui, esboços, grafismo, jogos e recursos computacionais;
- **Desenho Tridimensional** realizado em croquis, perspectivas, desenho gestual, esboços, pintura e jogos;
- **Imagens em fotografias**, gráficos, história em quadrinhos e obras de arte;
- **Modelos e protótipos** apresentados em forma de maquetes, obras de arte (escultura) e sólidos geométricos;
- **Materiais Manipuláveis** como o geoplano, tangram, dobraduras e pipas; e
- **Recursos Computacionais** como *softwares* de Geometria Dinâmica, de projetos, de Modelagem Geométrica, de maquetes eletrônicas, jogos e ambientes virtuais.

Como podemos perceber, há diversas formas de envolver a expressão gráfica na educação e no ensino de Matemática. É o que vamos estudar a seguir.

3.2 A expressão gráfica e o ensino de Matemática

Você já deve ter se deparado com documentos que orientam a educação brasileira. De 1996 para cá, a partir da Lei de Diretrizes e Bases da Educação Nacional (LDBEN) – Lei n. 9.394, de 20 de dezembro de 1996 (Brasil, 1996) –, tivemos dois documentos importantes: (i) os Parâmetros Curriculares Nacionais (PCN) de Matemática (Brasil, 1998) e (ii) a BNCC (Brasil, 2018).

O estudo desses documentos nos leva a perceber que há uma tendência de ensinar matemática de modo que sejam ultrapassadas as fronteiras dessa ciência. Ou seja, ensinar matemática assume o sentido de formação integral do indivíduo. Observamos que, já nos PCN, destacava-se a importância do significado da atividade matemática para o aluno, pois:

O significado da atividade matemática para o aluno também resulta das conexões que ele estabelece entre os diferentes temas matemáticos e também entre estes e as demais áreas do conhecimento e as situações do cotidiano.

Ao relacionar ideias matemáticas entre si, podem reconhecer princípios gerais, como proporcionalidade, igualdade, composição, decomposição, inclusão e perceber que processos como o estabelecimento de analogias, indução e dedução estão presentes tanto no trabalho com números e operações como no trabalho com o espaço, forma e medidas. (Brasil, 1998, p. 37)

Isso significa que o trabalho com a matemática não ocorre somente nos limites da disciplina em si, mas exige conexão com as demais áreas do conhecimento, assim como com as diferentes tecnologias existentes. Em função disso, convém trazer para a nossa reflexão alguns dos objetivos para o ensino de Matemática nos anos finais do ensino fundamental e que se relacionam com o que estamos discutindo.

A proposta curricular para a Matemática na BNCC é composta de cinco unidades temáticas, a saber: números, álgebra, geometria, grandezas e medidas, probabilidade e estatística.

A cada unidade temática estão associados objetos de conhecimento e habilidades. No caso, o desenvolvimento da expressão gráfica pode ter como base a unidade temática Geometria. Observe as habilidades destacadas (há outras além destas) e perceba a relação delas com os elementos:

(EF06MA21) Construir figuras planas semelhantes em situações de ampliação e de redução, com o uso de malhas quadriculadas, plano cartesiano ou tecnologias digitais.

[...]

(EF07MA21) Reconhecer e construir figuras obtidas por simetrias de translação, rotação e reflexão, usando instrumentos de desenho ou softwares de geometria dinâmica e vincular esse estudo a representações planas de obras de arte, elementos arquitetônicos, entre outros.

(EF07MA22) Construir circunferências, utilizando compasso, reconhecê-las como lugar geométrico e utilizá-las para fazer composições artísticas e resolver problemas que envolvam objetos equidistantes.

[...]

(EF08MA18) Reconhecer e construir figuras obtidas por composições de transformações geométricas (translação, reflexão e rotação), com o uso de instrumentos de desenho ou de softwares de geometria dinâmica.

[...]

(EF09MA11) Resolver problemas por meio do estabelecimento de relações entre arcos, ângulos centrais e ângulos inscritos na circunferência, fazendo uso, inclusive, de softwares de geometria dinâmica.
(Brasil, 2018, p. 303-317)

Observe que os objetivos citados se relacionam com o que Góes (2012) nos indica como **elementos da expressão gráfica**. Pensando assim, é importante destacar a relevância do desenho não apenas para o desenvolvimento do aluno em relação ao pensamento matemático, mas também para seu desenvolvimento como cidadão.

Por outro lado, você já deve ter presenciado a alegria de uma criança ao mostrar e descrever o que ela desenhou. Aqui fica uma pergunta: Qual a importância dada a isso no cotidiano de sala de aula?

Neste momento, vem em nosso auxílio a contribuição de Góes e Luz (2011), quando dizem que o ser humano tem tendência natural a representar objetos, situações, emoções, entre outros, por meio do desenho. Porém, no decorrer do período escolar, há um afastamento do uso do desenho que acaba sendo substituído pelas palavras. A representação gráfica fica mais restrita à disciplina de Arte.

Os mesmos autores sugerem a necessidade de refletirmos sobre a importância dos desenhos das crianças, pois é certo que eles são o início do desenvolvimento de habilidades importantes para o pensamento matemático. Por outro lado, questionam a respeito do desaparecimento dessa forma de expressão, que não deveria ser substituída, e sim mantida, pois desenho e expressão escrita, devidamente articulados, podem oferecer resultados de aprendizagem interessantes.

Nesse sentido, Carvalho é citado por Góes e Luz (2011), os quais explicam que o autor "deixa em aberto a ideia de que o Desenho pode ser usado como primeira forma de introdução de um conteúdo escolar, para, a partir de então, inserir conceitos adequados para o nível de entendimento cabível ao aluno, partindo da visão acerca do assunto trabalhado que ele já possui".

Além de o desenho desempenhar a função de instrumento facilitador do aprendizado da matemática nos ensinos fundamental e médio, é preciso considerar que ele pode contribuir muito com a resolução de problemas. Tal pensamento contradiz o pensamento comum de que o desenho abrange apenas a geometria (Silva et al., 2011). Ou seja, o desenho é uma atividade valiosa e nos ajuda a compreender a necessidade de dar espaço à expressão gráfica em nossas aulas. Resolver um problema com a ajuda de um desenho permite ampliar as possibilidades de compreensão de conceitos e propriedades – além disso, contribui para o desenvolvimento do pensamento lógico-matemático.

No entanto, conforme já vimos, a expressão gráfica não se restringe ao desenho. Em função disso, vamos discutir algumas das modalidades em que a expressão gráfica se faz presente no ensino da matemática.

3.2.1 Imagens

Sobre a relação entre imagem e matemática, vejamos a reflexão de França (citado por Luz et al., 2015) quando cita que:

> São notáveis algumas ligações entre números e imagens, Matemática e arte, desenhando percursos através dos quais ambos se tocam, se trocam, envolvendo desdobramentos filosófico-epistemológicos propiciados pela utilização da computação gráfica e das técnicas de simulação/modelização, fundados em modelos matemáticos.

Observe como as pessoas se entretêm quando olham **fotografias**. Se tiver alguma foto por perto de você, olhe para ela agora. Fique atento às recordações que ela traz, ao simbolismo que está incluso nela. Na verdade, há um conjunto de informações de naturezas diversas que se relacionam entre si e produzem muitas sensações, possibilidades de interpretações e conexões entre as muitas áreas do conhecimento, pois a foto representa e comunica momentos, objetos, culturas, entre outros.

Por essa razão, o uso de fotografias tornou-se um recurso interessante para ampliar as possibilidades de estratégias a serem usadas em sala de aula. Tornou-se, assim, um recurso didático, pois pode mostrar as mudanças ocorridas em lugares, pessoas importantes de tempos passados, aspectos de locais diferentes dos que vivemos e temos poucas chances de conhecer pessoalmente. Por meio da fotografia, por exemplo, você pode mostrar as características de um deserto ou das regiões polares sem precisar ir até lá.

Quando o assunto é a matemática, podemos, por exemplo, usar fotos de paisagens urbanas, dando destaque às casas e aos edifícios e reconhecendo as formas geométricas, como o triângulo retângulo, e assim, por meio das imagens, podemos abordar o teorema de Pitágoras. Outra possibilidade poderia ser a exploração de imagens aéreas de pistas de corrida ou estradas, nas quais podemos perceber curvas e falar, por exemplo, sobre simetria.

Outra forma de explorar imagens em sala de aula é por meio do **cinema**, visto que se trata de uma sequência de fotogramas rítmica e matematicamente ordenada (Luz et al., 2015), e, com ele, vêm os muitos recursos que a tecnologia proporciona a esse meio.

Luz et al. (2015, p. 66) podem nos ajudar a entender a relação entre a matemática e o cinema quando explicam que: "Sintetizar uma imagem significa compô-la por meio de dados numéricos, equações e matrizes, e é neste ponto que se pode afirmar que as imagens estão presentes nos números, ou ainda que os números estão presentes nas imagens". Desse modo, muitos dos conteúdos que, por vezes, evitamos estão presentes em algo que nos distrai, diverte, transmite valores e cultura, transformando-nos.

Indicações culturais

DONALD no país da Matemágica. Direção: Hamilton Luske. EUA: Disney, 1959. 27 min.

Nesse filme, são apresentados conceitos matemáticos de forma divertida e interativa, o que promove a aproximação e a interação entre o aluno e os conceitos matemáticos. O professor pode apresentar o filme inteiro ou explorar os trechos relacionados aos assuntos que estão sendo trabalhados em aula.

Já que estamos falando de *matemática* e *tecnologia*, vamos aproveitar para mencionar as **imagens digitais** – aquelas que, em vez do papel, têm como suporte a tela do computador, *smartphones*, *iPads* e outros. A respeito delas também França (citado por Luz et al., 2015, p. 66) explica: "A geração de imagens tecnológicas requer o tratamento conjunto de conceitos matemáticos, sem os quais não podem ser concebidas, pois uma imagem numérica é uma imagem composta ponto a ponto, por certo número de elementos descontínuos e determinados numericamente, totalmente matrizáveis". Assim, a tecnologia da informação, que facilita muito a produção de imagens, tem como base a matemática.

Outro instrumento utilizado na maioria das escolas e que traz a expressão gráfica ao cotidiano escolar há tempos é o **livro didático**. A linguagem mais comum, nesse caso, é o código verbal escrito. No entanto, a presença de imagens permite a concretização da ideia formada pelas mensagens contidas no texto. Assim, a leitura do texto vem permeada da leitura das imagens que, em alguns casos, nos transportam para outras realidades e nos ajudam a compreender melhor o que parece ser tão difícil. Nesse sentido, Luz et al. (2015, p. 68) afirmam que,

> em relação ao livro na educação, podendo ele ser didático ou não, a imagem vai além do valor estético, o apoio, a interrupção e a oportunidade de se levar por lembranças, muito importante numa leitura criadora, resultado da percepção única e individual, que faz com que uma pessoa descreva o que leu de forma diferente de outra.

As ilustrações (entende-se por ilustração a representação gráfica de uma ideia) ligadas à arte de tempo favorecem o "entrar" na imagem e "caminhar" dentro dela. É um processo de extensão da leitura [...].

O livro didático então se torna um espaço em que lidamos com a imagem em duas modalidades: o texto e as ilustrações. Isso envolve a percepção e a imaginação, indispensáveis ao desenvolvimento visual.

Luz et al. (2015, p. 69) voltam a nos ajudar a pensar sobre isso:

> Já a criança, ao ter contato com livros de imagens simples, de fácil leitura visual, relaciona objetos de conhecimento cotidiano e consolida a linguagem. Assim, num espaço de duas dimensões, submetido a critérios específicos de seleção e organização do pensamento, a criança pode desenvolver a representação de "objetos" (três dimensões) na superfície do papel (duas dimensões), situando-se no espaço e no tempo [...].

A importância de ter clareza a respeito de como a criança lida com a imagem exposta no papel ajuda o professor a perceber que o desenvolvimento do senso espacial do aluno está relacionado às formas e posições, e que, portanto, liga-se à geometria de um modo geral.

Sandroni e Machado (citados por Luz et al., 2015, p. 69) indicam que

> a sequência de imagens inter-relacionadas facilita o encadeamento, a organização do raciocínio, a orientação, a lateralização, entre tantos outros fatores importantes, pois a leitura total é a conquista de um meio instrumental de compreensão, de uma tomada de posse da informação no seu sentido mais amplo. Ela supõe uma atitude dinâmica, interrogativa, diante dos textos, das imagens e uma possibilidade de ir além deles.

Assim, o uso de imagens para explicar um processo a ser desenvolvido desafia o cérebro a ler de diferentes maneiras, o que é muito positivo.

Finalizando, é importante percebermos que, assim como as imagens estão na maior parte do nosso cotidiano, também devem estar na sala de aula, pois participam na formalização do conhecimento, ou seja, são parte importante da construção de ideias e conceitos, podendo ser reconstruídas a cada vez que aluno e professor desencadeiam o processo do ensinar e aprender.

3.2.2 Modelos e maquetes

É interessante observar o encanto que um modelo ou uma maquete despertam nas pessoas. Luz et al. (2015) indicam que o uso de modelos e maquetes já aparece em pinturas rupestres, nas quais se percebe o uso de pedaços de argila em alto relevo. Os **modelos** são utilizados como referência para construir algo que se quer fazer em maior escala; já as **maquetes** são a representação fiel do que será produzido. Assim, o objeto produzido pode ser diferente do modelo correspondente a ele, mas nunca da sua maquete.

Esses mesmos autores ainda apontam que há registros históricos de maquetes em todos os períodos da história da humanidade na Terra. Elas se tornaram mais presentes quando o homem começou a se arriscar a construir espaços grandes e com detalhes, bem como meios de transporte. Na medida em que a capacidade de pensar se transformou, também a complexidade das maquetes foi aumentando.

No contexto de hoje, quem faz uso de maquetes?

Você já deve ter ido a algum local em que se exibe uma maquete do que se pretende construir no espaço visitado. Normalmente, isso acontece quando se trata de grandes obras que ainda levarão um tempo para serem construídas, pois é interessante que as pessoas possam conhecer o que se pretende produzir naquele local.

O *marketing* também tem lançado mão desse recurso tanto para a produção de suas peças quanto para a divulgação de seus produtos. Por exemplo, visitar um apartamento decorado, cujo edifício ainda está sendo construído, é entrar em uma maquete. Olhar atentamente os detalhes do prédio que ainda vai ser construído em determinado terreno é ter a maquete como representação fiel do empreendimento.

E como isso pode servir de material didático para as aulas de Matemática?

Entre as orientações dadas pelos PCN de Matemática (Brasil, 1998), encontramos a sugestão do uso de maquetes, croquis, mapas e itinerários para o desenvolvimento da orientação espaço-temporal, a qual deve ser estimulada desde a educação infantil. Na BNCC (2018), destaca-se a ideia de que o ensino da Matemática tem como um dos objetivos principais o desenvolvimento da capacidade de resolver problemas. Nesse sentido, podemos entender que o uso de modelos e maquetes é um modo positivo para atingir tal objetivo, razão pela qual esse recurso precisa ser trabalhado em todas as modalidades da educação básica.

A maquete oferece vantagens em relação ao desenho, uma vez que permite analisar mais amplamente o objeto a ser construído, pois o uso de materiais específicos oferece a possibilidade de percepção das formas tridimensionais com elevada definição, bem como de planos, superfícies e volumes do que se pretende construir ou representar. Em outras palavras, o que era bidimensional no desenho passa a ser tridimensional na maquete (Luz et al., 2015). Assim, modelos e maquetes tornam-se materiais didáticos conforme possibilitam a conexão entre linguagens diferentes, em planos diferentes, de modo que permitam observação, análise, previsão de situações, proposição de soluções, formação de conceitos, entre outros.

Há vários pesquisadores que, assim como Góes e Luz (2011), buscam desenvolver metodologias com o uso de maquetes e da expressão gráfica, capazes de possibilitar um processo do ensinar e aprender que desenvolva competências, habilidades e atitudes para a compreensão mais profunda da realidade em que o aluno está inserido. É muito bom aprender com as experiências de outras pessoas.

3.3 A EXPRESSÃO GRÁFICA NAS AULAS DE MATEMÁTICA

Agora que conhecemos alguns dos princípios básicos da expressão gráfica, bem como a fundamentação contida nos documentos que norteiam a educação atual, é interessante acompanharmos exemplos de como tudo isso pode acontecer em sala de aula.

A seguir, vamos expor alguns exemplos de atividades aplicadas em sala de aula por alguns dos pesquisadores da expressão gráfica e que podem servir de inspiração para você em suas aulas. Tais exemplos foram coletados em artigos publicados, cujas referências estão ao final da obra.

3.3.1 A INTERDISCIPLINARIDADE, A EXPRESSÃO GRÁFICA E O ENSINO DE MATEMÁTICA: ESTUDO DAS PIPAS

Os pesquisadores Anderson Góes e Heliza Góes (2013) apresentam o relato de uma experiência em que um projeto interdisciplinar com foco na construção de pipas foi elaborado. Esse brinquedo, que encanta pessoas de todas as idades, recebe nomes diferentes dependendo da região brasileira em que se encontra – *papagaio, raia, pandorga* e outros. Acrescentamos que a denominação de acordo com a região pode-se tornar objeto de estudo junto com outras áreas do conhecimento, como Geografia, Língua Portuguesa, História, entre outras. Assim, o projeto de Góes e Góes (2013) envolveu diversas áreas do conhecimento – isso se deu pela necessidade de interligar conhecimentos que, na escola, se apresentam organizados em disciplinas.

Os autores relatam que cada disciplina estabeleceu seus objetivos focando os aspectos de sua especificidade e buscando uma interconexão com as demais disciplinas. Assim, por exemplo, em História foi tratada a presença histórica da pipa (século V a.C.); em Ciências, foram vistos os princípios que permitem o voo; e:

> Em Matemática, mas com o apoio da disciplina de Artes [sic] foram estudados os vários tipos de pipas (planas, curvas, celulares, capuchetas e parafólios) quanto a sua forma geométrica, sua simetria (estabilidade) e sua estética. Com relação às formas geométricas os conteúdos de polígonos e perímetro foram explorados.
>
> Ainda em Matemática foram exploradas as posições relativas entre as varetas e custos de material (varetas, linha e papel), retomando e aprofundando conceitos como unidades de medidas e áreas. Além disto, foi proposta situação problema para a verificação de qual pipa possui menor custo para sua fabricação, considerando também o

material que não é possível reaproveitar. Com isso os alunos tiveram que identificar a melhor maneira de recortar o papel e unir as varetas com a linha. (Góes; Góes, 2013, p. 6)

Relatos como esse nos ajudam a perceber que a expressão gráfica se relaciona diretamente com o ensino da Matemática, oferecendo caminhos para a concretização da interdisciplinaridade, a qual exige que sejam reconhecidos pontos em comum entre os diferentes conhecimentos e as possíveis ligações entre eles. A seguir veremos mais relatos a respeito do uso da expressão gráfica no ensino da Matemática.

3.3.2 A ARTE E A MATEMÁTICA: A EXPRESSÃO GRÁFICA EM SALA DE AULA

O relato que apresentaremos a seguir veio com o desenvolvimento de "uma experiência didática sobre o conceito de regiões planas, linhas abertas e fechadas utilizando releituras de obras de Kandinsky" (Góes; Liblik, 2011, p. 2), a qual foi desenvolvida com alunos do 7º ano de uma escola privada de São José dos Pinhais (PR) pelas pesquisadoras Heliza Colaço Góes e Ana Maria Petraitis Liblik. Os resultados dessa pesquisa deram origem a um artigo intitulado "Releitura das obras de Kandinsky – a expressão gráfica no ensino fundamental".

A experiência desenvolvida teve início com a apresentação da obra *Composicion VII*, de Kandinsky. A obra desse renomado artista apresenta, segundo as pesquisadoras, "aspectos criativos das formas e por serem expressos por uma série descendente de círculos, triângulos e quadrados" (Góes; Liblik, 2011, p. 8). Observe.

Figura 3.3 – Composicion VII, de Kandinsky

KANDINSKY, W. **Composição VII**. 1913. 1 óleo sobre tela: color.; 200 cm × 300 cm. Galeria Tretyakov, Moscou, Rússia.

Depois de feito o reconhecimento da obra, os alunos foram organizados em grupos e, com o apoio da internet, escolheram uma obra do artista e fizeram a releitura desta, cuidando para aplicar os estudos sobre cores desenvolvidos na disciplina de Arte.

No decorrer do artigo, as pesquisadoras destacam que:

> Durante a exposição do material, cada dupla apresentou suas escolhas e no decorrer responderam a perguntas referentes à classificação e reconhecimento das regiões planas e linhas dos elementos da composição. [...]
>
> Com esse tipo de atividade pôde-se verificar que os alunos tiveram a possibilidade de ampliar os conhecimentos matemáticos (formas planas, linhas abertas e linhas fechadas) de uma forma alegre. O contato com a reescrita de algumas obras de Kandinsky proporcionou a criatividade em realizar as reescritas das obras escolhidas por

eles mesmos e, mais uma vez, possibilitou o trabalho das telas com o auxílio da expressão gráfica da forma plana. (Góes; Liblik, 2011, p. 8, 12)

Observe que a **interdisciplinaridade** está presente nas diferentes atividades que estamos apresentando. Lembre-se de que esse é um dos pontos fortes nos diferentes documentos que organizam e orientam a educação brasileira, como a LDBEN (Brasil, 1996), o Plano Nacional de Educação (PNE) 2014-2024, as Diretrizes Curriculares Nacionais de 2014 (Brasil, 2013), os PCN (Brasil, 1998) e, de modo muito forte, a BNCC (Brasil, 2018). Aliás, a BNCC aponta a necessidade da busca da construção de um pensamento que possa atingir a transdisciplinaridade.

Indicações culturais

BRASIL. Lei n. 9.394, de 20 de dezembro de 1996. **Diário Oficial da União**, Poder Legislativo, Brasília, DF, 23 dez. 1996. Disponível em: <http://www.planalto.gov.br/ccivil_03/leis/l9394.htm>. Acesso em: 25 abr. 2023.

BRASIL. Ministério da Educação. Secretaria de Educação Básica. Secretaria de Educação Continuada, Alfabetização, Diversidade e Inclusão. Secretaria de Educação Profissional e Tecnológica. Conselho Nacional da Educação. Câmara Nacional de Educação Básica. **Diretrizes Curriculares Nacionais Gerais da Educação Básica**. Brasília, 2013. Disponível em: <http://portal.mec.gov.br/index.php?option=com_docman&view=download&alias=15548-d-c-n-educacao-basica-nova-pdf&Itemid=30192>. Acesso em: 25 abr. 2023.

BRASIL. Ministério da Educação. **PNE**: Plano Nacional de Educação – publicações. Disponível em: <http://pne.mec.gov.br/publicacoes>. Acesso em: 25 abr. 2023.

É importante para um professor conhecer os documentos essenciais à educação brasileira. Por isso, indicamos uma leitura de reconhecimento dos documentos citados.

3.3.3 A maquete, a expressão gráfica e a matemática

O exemplo que vamos conhecer e discutir agora é resultado do trabalho de pesquisadores/professores que acreditam na expressão gráfica como um recurso importante para a melhoria do ensino de Matemática. Antes de lançarem-se a campo, esse grupo de professores e pesquisadores foi em busca de experiências já vividas por outros grupos de estudo ou professores e gostaram do que encontraram, sentindo-se desafiados a aprofundar os estudos e montar um projeto a ser aplicado em um programa de profissionalização de adolescentes em uma cidade paranaense (Silva et al., 2011).

O desafio foi a construção da maquete de uma casa. Iniciou-se a atividade com a observação da planta baixa da casa e, depois, foi realizado um trabalho com regra de três e porcentagem. Nessa planta, foram observadas as figuras planas por meio da relação destas com os cômodos (quadrado, retângulo, trapézio, entre outras). Em seguida, os alunos foram desafiados a calcular o perímetro do terreno, da casa com abrigo e da casa sem abrigo, tendo como unidade o metro. Além disso, foi preciso realizar também exercícios de transformação de unidades.

Na sequência, foi feito o cálculo da área total da casa, bem como da porcentagem correspondente a cada cômodo. Depois disso, foi definida a escala para a construção da maquete e a conversão do tamanho real para o tamanho da maquete, o que exigiu o uso da regra de três. Para encerrar a fase da preparação da construção, foram escolhidos os materiais mais adequados para o trabalho.

Nesse processo, os alunos pensaram na construção dos alicerces e, por meio da troca de ideias, escolheram os melhores materiais em busca de maior praticidade e qualidade da maquete. Escolheram também o melhor material para o telhado.

As paredes foram construídas com o auxílio de um esquadro, pois as arestas deveriam ter 90 graus, sendo possível, assim, desenvolver o conceito de **sólido geométrico**.

A seguir construíram a laje e depois o telhado. Destaque-se que, para a "elaboração do telhado os alunos deveriam saber a altura da laje até a cumeeira"; depois, por meio do teorema de Pitágoras, "calcular a distância da cumeeira até o beiral" (Silva et al., 2011, p. 9).

Pense em quantos conceitos matemáticos foram envolvidos nessa atividade. Os conteúdos **teorema de Pitágoras, figuras planas** e **unidades de medida** puderam ser percebidos em conjunto e de forma interligada. Tais atividades não excluem o estudo dos conceitos por meio de leituras e exercícios, mas mostram que podem ser direcionadas para o cotidiano do aluno, o que fará uma grande diferença no aprendizado daquilo que, de antemão, pareceria árido e sem graça. Ou seja, o conhecimento já produzido continua sendo o foco; o que muda é o modo de lidar com ele e promover o desenvolvimento do pensamento matemático.

Síntese

Desde os mais remotos tempos da existência humana, o homem já buscava expressar suas ideias e os fatos vividos por meio de imagens. Conforme o ser humano modificou seu modo de vida e desenvolveu tecnologias diversas, também os modos de expressar as ideias foram se modificando. Disso surgiu a expressão gráfica como um campo de conhecimento e que reúne todas as formas de registrar ideias por meio de imagens e ultrapassa o fato de ensinar e aprender a desenhar.

No ensino de Matemática, o uso de imagens, maquetes e modelos oportuniza a aplicação de atividades que estimulam o desenvolvimento de conceitos relacionados a formas, perspectivas, ângulos, linhas, entre outros, contribuindo de forma expressiva para o desenvolvimento do pensamento matemático e estabelecendo-se como via para propor a resolução de problemas tanto cotidianos como hipotéticos.

Atividades de autoavaliação

1. Sobre a expressão gráfica, assinale (V) para verdadeiro e (F) para falso:

    ( ) Facilita a interação dos conteúdos de Matemática com os de outras disciplinas.
    ( ) Trata-se de uma aula de desenho.

( ) Utiliza-se de modos diversos para identificar e aplicar os conceitos matemáticos e de outras disciplinas.

( ) Toma o lugar da tecnologia nas aulas de Matemática, o que diminui o volume de trabalho do professor

Agora, assinale a alternativa que apresenta a sequência correta:

a) V, F, V, F.
b) F, F, V, V.
c) V, F, F, F.
d) V, V, F, V.

2. Entre as modalidades de uso da expressão gráfica, encontramos:

a) Exercícios de fixação de conceitos.
b) Visitas técnicas.
c) Produção de relatórios.
d) Uso de imagens e maquetes.

3. Os PCN indicam que "recursos didáticos como livros, vídeos, televisão, rádio, calculadoras, computadores, jogos e outros materiais têm um papel importante no processo de ensino e aprendizagem" (Brasil, 1998, p. 57). Tal indicação aparece também na BNCC, portanto, podemos dizer que, no ensino da Matemática, isso é válido desde que esses recursos:

a) sejam usados somente em momentos específicos.
b) não interfiram no processo pessoal de construção dos conceitos fundamentais.
c) não misturem os conteúdos das diferentes disciplinas.
d) possibilitem a interdisciplinaridade e o desenvolvimento do pensamento matemático de forma crítica.

4. Na expressão gráfica, há vários caminhos para tornar o ensino de Matemática mais adequado ao contexto atual. Tendo em vista essa ideia, analise as afirmativas a seguir e classifique-as como verdadeiras (V) ou falsas (F).

( ) O desenho pode participar tanto da introdução de um assunto quanto da resolução de um problema.

( ) As imagens podem contribuir para o reconhecimento das características de um objeto ou de um lugar – por exemplo, mediante a exploração da existência de figuras geométricas.

( ) No livro didático utilizamos imagens e texto, o que envolve o desenvolvimento da imaginação e da percepção.

( ) Os modelos e as maquetes são instrumentos úteis especificamente para a formação de pessoas que irão trabalhar em altos cargos industriais.

Agora, assinale a alternativa que apresenta a sequência obtida:

a) V, V, V, F.
b) F, F, F, V.
c) V, V, F, F.
d) F, F, V, V.

5. A aplicação da expressão gráfica no ensino de Matemática pode ocorrer pela articulação de diferentes ideias. Tendo isso em vista, analise as afirmações a seguir.

I. A expressão gráfica tem uma forma particular de ação que dificilmente se articula com a de outras áreas.

II. A expressão gráfica ajuda a entrelaçar conhecimentos de diferentes áreas.

III. As obras de arte podem ser utilizadas de modo interdisciplinar para o estudo de linhas e formas planas.

IV. A construção de maquetes é um recurso destinado aos estudantes adultos.

Agora, assinale a alternativa que indica todas as afirmativas corretas:

a) As afirmativas I e IV estão corretas.
b) As afirmativas II e III estão corretas.
c) As afirmativas I e II estão corretas.
d) As afirmativas III e IV estão corretas.

Atividades de aprendizagem

Questões para reflexão

1. Escreva um pequeno texto com a intenção de convencer um professor colega seu a usar a expressão gráfica em suas aulas.

2. Escolha um dos seguintes conteúdos: frações, figuras geométricas tridimensionais ou unidades de medida. Depois, organize uma atividade que contenha a expressão gráfica e em que esta se articule com outras áreas do conhecimento. Troque suas atividades com um colega ou professor de Matemática. Peça que emitam uma opinião sobre essa atividade. Pergunte se o enunciado ficou claro e se foi possível compreender bem a questão proposta.

Atividade aplicada: prática

1. A construção de uma maquete é uma atividade no mínimo desafiadora e que você pode aplicar em sua sala de aula. Para isso, providencie uma caixa de sapatos, caixas de fósforos, tiras de papelão, papéis coloridos, cola, canetas para colorir etc. Use a caixa de sapato sem tampa para montar a maquete de uma sala de aula vista do alto. Não esqueça de localizar a porta e as janelas da sala. Distribua os elementos: quadro-negro, mesa do professor, carteiras e outros móveis que gostaria que sua sala de aula tivesse. Decore à vontade e, enquanto admira o resultado do seu trabalho, procure identificar linhas, ângulos, formas geométricas e outros conceitos matemáticos ali presentes. Procure também entender como precisou organizar seu pensamento para que a tarefa fosse cumprida. Observe que o fato de você executar a tarefa e pensar sobre ela pode ajudá-lo a criar atividades interessantes e desenvolver formas de melhor orientar seus alunos no decorrer das suas aulas.

TICs e TDICs e o Ensino de Matemática

Neste capítulo, vamos refletir sobre as tecnologias da informação e da comunicação (TICs) e as tecnologias digitais da informação e da comunicação (TDICs) e suas possíveis relações com o aprender e o ensinar de modo amplo, bem como com o ensino da Matemática. Em função do ritmo acelerado de desenvolvimento da tecnologia, é importante voltarmos nossa atenção à tecnologia recente para o ensino de Matemática. Isso significa buscar uma visão geral das diferentes tecnologias de *softwares* educativos e jogos virtuais. Encerraremos o capítulo com uma breve ideia sobre a "gamificação", cujo conceito e estudo recente já demonstra possibilidades de contribuições significativas para o ensino da Matemática.

A importância deste estudo não se ampara apenas nas possíveis aplicações da tecnologia nem em razão de conhecer e consumir equipamentos considerados de ponta neste momento; firma-se, isso sim, no fato de que o modo de viver também está se transformando de forma a causar interferências nas configurações da vida em sociedade.

4.1 O PAPEL DAS TICs E TDICs NA EDUCAÇÃO

A relação entre a tecnologia e a educação tem sido alvo de muitas discussões na maioria das instituições educacionais de todos os níveis no Brasil e no mundo. Isso se dá em função do grande desenvolvimento da tecnologia no decorrer do século XX, que modificou o modo de viver do ser humano. Consequentemente, surgiu a exigência de uma educação que atenda à demanda por pessoas que saibam lidar com as diferentes tecnologias e que desenvolvam um pensar sobre elas e a partir delas.

É importante destacar que, no final do século XX, foi muito perceptível a presença das tecnologias voltadas à transmissão de informações gerando novos formatos de comunicação, e isso deu origem às TICs. Porém, elas foram apenas o gatilho para que o mundo digital se instalasse, fato que ocorreu com a entrada de computadores e da internet nas organizações, assim como nas moradias. Em um curto espaço de tempo o mundo se tornou digital. Surgiram então as TDICs, que em pouco tempo passaram a mediar relações humanas, redefinir rotinas tanto coletivas como individuais, provocar a digitalização de serviços, entre outros, dando origem ao que tem sido denominado *cultura digital*.

A instauração da cultura digital trouxe em seu bojo conceitos como letramento digital, cidadania digital e relação tecnologia e sociedade, os quais apontam para aspectos que precisam ser inseridos ou redefinidos em termos de formação de pessoas para viver nesse mundo novo.

O letramento digital refere-se às muitas formas de escrever, interpretar, codificar, sinalizar informações a partir dos recursos oferecidos pelo desenvolvimento da tecnologia.

A cidadania digital, por sua vez, refere-se ao uso da tecnologia de modo responsável, tanto de modo individual quanto para tudo e todos que compõem a sociedade.

Já tecnologia e sociedade são as mudanças no modo de viver e os desafios que isso traz continuamente. Hoje, estabelecemos diferentes relações mediadas pela tecnologia, as quais influenciam no modo como vemos o mundo, pensamos e fazemos escolhas.

Dessa forma, podemos dizer que vivemos o tempo da cultura digital a qual:

> Remete às relações humanas fortemente mediadas por tecnologias e comunicações por meio digital, aproximando-se de outros conceitos como sociedade da informação, cibercultura e revolução digital. Nesse contexto, a compreensão de textos narrativos, sejam verbais ou não verbais, requer análise e interpretação das informações recebidas, bem como reconhecimento dos diferentes tipos de mídias envolvidas. (Cieb, 2023)

Assim, o contexto educacional brasileiro conta com a Base Nacional Comum Curricular (BNCC), documento em que são apresentadas as competências a serem desenvolvidas no decorrer da educação básica. A competência número 1 diz: "Valorizar e utilizar os conhecimentos historicamente construídos sobre o mundo físico, social, cultural e digital para entender e explicar a realidade, continuar aprendendo e colaborar para a construção de uma sociedade justa, democrática e inclusiva". (Brasil, 2018, p. 9). Ou seja, lidar com o conhecimento e compreender a realidade inclui identificar os diferentes modos de expressar, organizar, registrar e articular informações, ideias, conhecimentos já construídos utilizando as diferentes vias para o aprender em todo o seu percurso de vida. Nesse contexto, o digital faz parte do desenvolvimento de todos e redefine o modo de viver de cada pessoa.

As incertezas do viver têm ocupado um espaço bem visível no mundo atual. Aprendemos que tudo pode mudar em tempo recorde e que buscar soluções adequadas à situação do momento exige movimento constante em busca da formação pessoal e profissional. É certo que você já deve ter tido contato com alguma forma de utilização da tecnologia relacionada à educação. Ao mesmo tempo em que isso fascina, também causa certo temor, pois as salas de aula que conhecemos nem sempre comportaram outros modos de tecnologia que não fosse o giz e o quadro-negro. A exposição a emergências pode revelar a fragilidade de nossas concepções, conhecimentos e domínio da construção de estratégias. Quando se trata de algo mais específico, como o ensino da Matemática, a preocupação aumenta ainda mais, em função da histórica compreensão da Matemática como uma disciplina que é trabalhada de forma a estabelecer raciocínios por meio de conceitos e de suas aplicações em situações nem sempre reais. Sendo assim, a atitude mais lúcida é buscar entender um pouco mais sobre a relação da ciência com a tecnologia e a educação e suas modalidades desenvolvidas até então.

É por isso que, neste capítulo, teremos contato com a conceituação básica a respeito desse assunto e com algumas sugestões de materiais de fácil acesso que poderão abrir essa discussão e servir de inspiração para as aulas. É importante salientar que aqui serão privilegiados os materiais que de alguma forma trabalhem com a manipulação de objetos, mesmo que virtuais.

Para podermos iniciar essa discussão, aqui ou em qualquer outro lugar, é necessário que fique claro o que se entende por *tecnologia*, *TICs* e *TDICs* e *tecnologia educacional*.

Inicialmente, consideremos que a *tecnologia* "vai muito além de meros equipamentos, ela permeia toda a nossa vida, inclusive em questões não tangíveis" (Brito; Purificação, 2008, p. 32). No entanto, ela faz parte do nosso cotidiano de tal forma que a consideramos normal e não percebemos que ela é "todo o conjunto de recursos, máquinas e equipamentos disponíveis para uso em qualquer atividade produtiva" (Kalinke, 1999, p. 101).

Também nesse sentido, Kenski (2007, p. 24) define *tecnologia* como um "conjunto de conhecimentos e princípios científicos que se aplicam ao planejamento, à construção e à utilização de um equipamento em um determinado tipo de atividade".

Dessa forma, podemos dizer que os autores citados concordam que a tecnologia, a princípio, é materializada nos diferentes equipamentos que foram desenvolvidos para atividades produtivas, ou seja, que poupem os esforços do ser humano e aumentem sua capacidade produtiva. Por outro lado, há a indicação de que conhecimentos e princípios científicos capazes de gerar os diferentes equipamentos também fazem parte da tecnologia.

Indicações culturais

A HISTÓRIA das coisas. 2011. Disponível em: <https://www.youtube.com/watch?v=7qFiGMSnNjw>. Acesso em: 25 abr. 2023.

Esse vídeo traz, de forma muito interessante, a história de como as coisas que usamos em nosso cotidiano foram produzidas e também sua relação com o modo de vida que adotamos. A tecnologia e seu uso estão no centro do debate desse vídeo. Vale a pena assistir!

Voltando nosso olhar para a relação entre a tecnologia e a educação, a princípio, poderíamos pensar que, para obtermos uma educação adequada ao contexto atual, bastaria ensinar com a tecnologia; contudo, isso é um engano. Acompanhe o que nos diz Maltempi (2008, p. 155):

> a tecnologia não é uma panaceia para a educação. Ela pode ser considerada uma ferramenta, e como tal, seu potencial, virtudes e problemas dependem do uso que se faz dela, da relação que se estabelece com ela. Daí a importância da formação do professor e deste na preparação do ambiente de aprendizagem do qual fará parte a tecnologia.

Dessa forma, gerou-se a demanda por um campo de pesquisas que relacione tecnologia e educação. É fato que o desenvolvimento das tecnologias de comunicação promoveu um aumento na velocidade da troca de informações. Por exemplo, o que antes era escrito no papel é agora transformado em linguagem da informática, ou seja, na linguagem da combinação de dois dígitos: *0 e 1*. A isso Lévy (2000) chama de *informação digital*.

A informação digital deu origem ao ciberespaço, que gerou um novo espaço de comunicação por meio da interconexão de computadores. Como consequência, surgiu a **cibercultura**, que Lévy (2000, p. 17) diz que envolve "o conjunto de técnicas (materiais e intelectuais), de práticas, de atitudes, de modos de pensamento e de valores que se desenvolvem juntamente com o crescimento do ciberespaço". Ou seja, é a cultura digital se formando em velocidade alucinante.

Desse contexto, surgem os nativos digitais, que, segundo Prensky (2001), conseguem viver todos os momentos da vida ligados à tecnologia, usando modalidades e recursos diversos, priorizando linguagens mais gráficas do que textos e conseguindo, assim, atuar em diversas comunidades de aprendizagem simultaneamente – é claro que esse aluno aprende de modo diferente, pois não tem ideia do que é viver sem tecnologia.

Antes de continuarmos, pare e pense como sua vida seria sem a tecnologia. Se você não é um nativo digital, responderá a essa questão com mais facilidade, pois, dependendo de sua idade, conheceu, por exemplo, a carta e o telegrama como meios de comunicação rápidos e que hoje são facilmente substituídos por *e-mails* e mensagens de texto.

Em função disso, é importante alinhar os conceitos que são a motivação deste capítulo: TICs e TDICs. A respeito das TICs, Pacievitch (2023, grifo do original) nos dá a seguinte definição:

> **Tecnologia da informação e comunicação (TIC)** pode ser definida como um conjunto de recursos tecnológicos, utilizados de forma integrada, com um objetivo comum. As TICs são utilizadas das mais diversas formas, na indústria (no processo de automação), no comércio (no gerenciamento, nas diversas formas de publicidade), no setor de investimentos (informação simultânea, comunicação imediata) e na educação (no processo de ensino aprendizagem, na Educação a Distância).

Por sua vez, segundo Anástácio (2021), as TDICs "compreendem as tecnologias que englobam recursos como computadores, tablets, mídias, smartphones, quadros interativos, aplicativos e outros recursos digitais que permitem a interação, compartilhamento, edição de vídeos e imagens, troca de arquivos, entre outros".

Observe que as TICs e TDICs não estão somente no meio educacional, mas esse é o aspecto que mais nos interessa agora, razão por que vamos focar na tecnologia educacional. Luz et al. (2015, p. 87) dizem que, ao analisar o significado de cada uma dessas palavras (*tecnologia/educacional*), podemos concluir que a tecnologia educacional busca os processos de significação, os quais "intermediados pelos diferentes dispositivos tecnológicos e demais recursos impactam na compreensão cultural e educacional. Levando a busca por teorias explicativas e descritivas que iluminem, ampliem ou inspirem as expressões gráficas em nosso contexto".

Podemos dizer que a **tecnologia educacional** se constitui do conjunto de todos os instrumentos que possam intervir no processo do ensinar e aprender, contribuindo com seu desenvolvimento. Por exemplo, se você usar o quadro de giz, um flanelógrafo, um retroprojetor, um projetor multimídia, estará usando a tecnologia educacional.

No entanto, é importante chamar atenção para o fato de que o foco não é a tecnologia em si, mas a aprendizagem que ela pode propiciar, conforme Oliveira (2012, p. 56) nos alerta:

> No trabalho pedagógico com TICs, espera-se que algumas capacidades sejam desenvolvidas pelo aprendiz, entre elas a identificação de uma situação enquanto um problema; a criação e a adaptação de modos de raciocinar para resolver um problema; a ação de argumentar sobre seu fazer dentro de um sistema plausível e a utilização de formas de linguagem com as quais interaja de maneira satisfatória com outras pessoas.

Percebemos que a inserção das TICs traz consigo a demanda por um pensamento que ultrapasse a barreira da aplicação pura e simples de conceitos, o que caracteriza muito o ensino tradicional. É preciso unir conhecimentos, conceitos, definições, explicações para compreender e partilhar os novos saberes, e o advento das TDICs potencializa essa demanda, assim como a importância de se considerar os multifatores que passam a ser evidenciados para a formação do cidadão, que agora precisa ser formado para atuar em ambientes em que a cultura digital predomina.

Lembre-se de que, em momentos anteriores, conversamos sobre as teorias de Piaget e Vygotsky, as quais deverão estar presentes de alguma forma em tudo o que se referir ao ensinar e aprender, de modo específico na Matemática.

Indicações culturais

MORAN, J. M. **O uso das novas tecnologias da informação e da comunicação na EAD**: uma leitura crítica dos meios. Disponível em: <http://portal.mec.gov.br/seed/arquivos/pdf/T6%20TextoMoran.pdf>. Acesso em: 25 abr. 2023.

Para conhecer José Manuel Moran, um dos grandes pesquisadores da relação entre tecnologia e educação no Brasil, sugerimos que inicie pela leitura desse texto.

CIEB – Centro de Inovação para a Educação Brasileira. **Referências para construção do seu currículo em tecnologia e computação da educação básica**. Disponível em: <https://curriculo.cieb.net.br/>. Acesso em: 25 abr. 2023.

BRASIL. **Tecnologias digitais da informação e comunicação no contexto escolar**: possibilidades. Disponível em: <http://basenacionalcomum.mec.gov.br/implementacao/praticas/caderno-de-praticas/aprofundamentos/193-tecnologias-digitais-da-informacao-e-comunicacao-no-contexto-escolar-possibilidades?highlight=WyJocSJd>. Acesso em: 25 abr. 2023.

Esses materiais são importantes para se conhecer propostas de trabalho com as TDICs no contexto escolar.

4.2 Contribuições das diferentes perspectivas da tecnologia para o ensino de Matemática

Observamos cotidianamente e nos estudos até aqui apresentados que a tecnologia conquistou seu lugar no contexto da atualidade, e a educação não passou ilesa a isso. No entanto, como estamos estudando o ensino de matemática, precisamos ter ao menos noção de como a tecnologia pode participar desse processo de modo a contribuir para o desenvolvimento do pensamento matemático, minimizando as dificuldades nele presentes. No que tange ao ensinar e aprender no contexto de cultura digital no sistema educacional brasileiro, é preciso muita atenção à competência 5 apresentada na BNCC, que diz: "Utilizar processos e ferramentas matemáticas, inclusive tecnologias digitais disponíveis, para modelar e resolver problemas cotidianos, sociais e de outras áreas de conhecimento, validando estratégias e resultados" (Brasil, 2018, p. 267).

Observe que há a recomendação explícita para a utilização das tecnologias mais recentes com a finalidade de garantir o desenvolvimento humano e que em função disso é preciso trazer essa ideia para o ensinar e aprender da matemática.

4.2.1 A tecnologia e as dificuldades no ensinar e no aprender Matemática

Alves (2014) aponta que é comum que pessoas com dificuldades em lidar com os diferentes conceitos matemáticos e suas operacionalizações atribuam seu insucesso a alguns fatores, como o modo como o professor trabalhou os conteúdos, a falta de recursos para aprendizagem e o fechamento da matemática como ciência. É também é comum que assumam uma autoimagem de incapacidade para o tipo de raciocínio exigido. É justamente por tais dificuldades que podemos perceber a possibilidade da introdução das diferentes tecnologias para que tal ensino se torne mais prazeroso e eficiente, tanto para o professor quanto para o aluno.

Indicações culturais

MANUEL Castells – escola e internet: o mundo da aprendizagem dos jovens. 2015. Disponível em: <https://www.youtube.com/watch?v=J4UUM2E_yFo>. Acesso em: 25 abr. 2023.

Esse vídeo trata da questão da influência da tecnologia no modo de pensar atual, assunto sobre o qual todo professor precisa ter ao menos noção.

Sendo assim, que contribuições poderiam ser provocadas pelo uso da tecnologia no que se refere aos processos do aprender que vimos nas teorias de Piaget e Vygostsky?

Pesquisas que nos conduzam à solução de problemas como esse, e mesmo as que já apresentam alguns resultados significativos, ainda precisam de longa caminhada. Gravina e Santarosa (1998) consideram que o ensino tradicional da matemática se utiliza da representação das situações matemáticas de modo estático – por exemplo, o estudo do triângulo por observação em livros ou desenhos no quadro de giz. Segundo esses autores, tal opção, quando não relacionada com a realidade, pode conduzir à memorização simples, o que não propicia a transferência dos conceitos para uma situação real. Nesse contexto, por exemplo, pode acontecer de o aluno estudar as propriedades do triângulo retângulo e não conseguir percebê-lo na estrutura de uma casa.

Com relação a isso, a tecnologia oferece algumas possibilidades de ação. Dentre elas, vamos aqui usar como exemplo os ambientes informatizados. Conversando um pouco sobre eles, poderemos destacar pontos importantes que podem servir de apoio para a discussão e a compreensão de outros aspectos do trabalho com a tecnologia no ensino de Matemática.

É importante destacar que pesquisas a esse respeito tiveram início com os impactos da tecnologia na vida das pessoas. Quando vemos que a obra de Gravina e Santarosa é de 1998 e que atualmente ainda temos muitas demandas a atender, percebemos a grandeza desse assunto.

Gravina e Santarosa (1998, p. 8) destacam a importância dos ambientes informatizados quando citam Papert a respeito do potencial de tal recurso: "é a possibilidade de 'mudar os limites entre o concreto e o formal'". Citam também Hebenstreint para explicar que "o computador permite criar um novo tipo de objeto – os objetos 'concreto-abstratos'. Concretos porque existem na tela do computador e podem ser manipulados; abstratos por se tratar de realizações feitas a partir de construções mentais" (Gravina; Santarosa, 1998, p. 8). Dessa forma, podemos dizer que os ambientes informatizados são aqueles em há a possibilidade de manipular objetos concreto-abstratos. Tais ambientes têm algumas características que chamam a atenção: o meio dinâmico e o meio interativo.

A respeito do **meio dinâmico**, as mesmas autoras destacam a importância deste em relação aos processos cognitivos:

> A instância física de um sistema de representação afeta substancialmente a construção de conceitos e teoremas. As novas tecnologias oferecem instâncias físicas em que a representação passa a ter caráter dinâmico, e isto tem reflexos nos processos cognitivos, particularmente no que diz respeito às concretizações mentais. Um mesmo objeto matemático passa a ter representação mutável, diferentemente da representação estática das instâncias físicas tipo "lápis e papel" ou "giz e quadro negro". O dinamismo é obtido através da manipulação direta sobre as representações que se apresentam na tela do computador. Por exemplo: em geometria são os elementos de um desenho que são manipuláveis; no estudo de funções são objetos manipuláveis que descrevem relação de crescimento/decrescimento entre as variáveis. (Gravina; SantaRosa, 1998)

Dessa maneira, o dinamismo permite que os esquemas cognitivos sofram mais desequilíbrios e assim ocorram os processos de assimilação e acomodação de forma mais intensa. Com isso, torna-se possível a construção do conhecimento.

Com relação ao **meio interativo**, as autoras destacam que a interatividade é mais do que dar ao aluno a indicação de certo ou errado para a sua resposta. Trata-se de oferecer suporte para que as concretizações e as ações mentais dos alunos possam ser por ele pensadas e assim contribuir para a construção do conhecimento (Gravina; Santarosa, 1998). Nesse sentido, os ambientes informatizados devem ser ricos em recursos que permitam múltiplas formas de ação sobre o objeto estudado, bem como a retomada das ações a fim de que o aluno possa refletir sobre elas e redefinir seu modo de ação.

Mais adiante, conheceremos ambientes informatizados de maior repercussão e o uso destes nas escolas brasileiras no início do século XXI.

4.2.2 O professor diante da tecnologia

As pesquisadoras Sampaio e Coutinho (2012) enfatizam que é preciso refletir sobre o modo como as tecnologias podem ser e estão sendo incorporadas às diferentes disciplinas, destacando a necessidade da integração entre o **conteúdo**, a **pedagogia** e a **tecnologia**.

Mishra e Koehler (citados por Sampaio; Coutinho, 2012, p. 94) afirmam que: "As relações entre o conteúdo (o assunto atual que deve ser aprendido e ensinado), pedagogia (o processo e a prática ou métodos de ensino e aprendizagem) e tecnologia (ambos comuns, como quadros negros, e avançadas, tais como computadores digitais) são complexas". Sobre isso, Sampaio e Coutinho (2012, p. 94) esclarecem que: "Este referencial teórico enfatiza as conexões entre conteúdo, pedagogia e tecnologia e o contexto. Os professores devem compreender a forma complexa como os três domínios, e os contextos em que são formados, coexistem e se influenciam uns aos outros".

A relação entre conteúdo e pedagogia nos ajuda a saber qual abordagem de ensino é mais adequada. A relação entre tecnologia e conteúdo indica qual tecnologia será mais apropriada para o conteúdo e seus objetivos. A relação entre a pedagogia e a tecnologia pode indicar como esta última pode contribuir para o processo de ensinar e aprender e, também, se precisa de alguma adaptação.

Ao relacionar todos esses elementos, temos

> uma compreensão da representação dos conceitos que usam tecnologias, técnicas pedagógicas que utilizam as tecnologias de forma construtiva para ensinar o conteúdo, conhecimento do que faz conceitos difíceis ou fáceis de aprender e como a tecnologia pode ajudar a corrigir alguns dos problemas que os alunos enfrentam; conhecimento do conhecimento prévio dos alunos e das teorias da epistemologia, e conhecimento de como as tecnologias podem ser usadas para construir sobre os conhecimentos existentes e desenvolver novas epistemologias ou reforçar as antigas. (Mishra; Koehler, citados por Sampaio; Coutinho, 2012, p. 95)

Desse modo, fica fácil identificar que existirão dois personagens principais nesse processo: o **aluno** e o **professor**. É fácil também saber quem será o responsável por conduzir esse processo. Assim, o que se espera do professor?

Gonçalves (2014) faz algumas considerações às quais um futuro professor de Matemática deve dar atenção:

- O professor deve conhecer as diferentes tecnologias disponíveis, a fim de identificar os modos de operação, as funções e as possibilidades de uso em situações de aprendizagem.

- A relação do professor e do aluno também muda, passando a ser de parceria, e não de transmissor-receptor; o fato de gerações de nativos digitais (os alunos) e de imigrantes digitais (o professor) se encontrarem exige que haja auxílio entre ambos, pois o professor domina o conteúdo e os objetivos a serem aprendidos, bem como os modos de pensar, e o aluno tem habilidades para o manuseio dos aparelhos e outros.

- O professor precisa buscar constantemente a sua formação continuada, a fim de atualizar seus conhecimentos a respeito das diferentes tecnologias.

Portanto, podemos reforçar: **você** é elemento fundamental no processo de uso das TICs nas suas aulas de Matemática.

Indicações culturais

CANAL DO ENSINO. **10 sites para estudar matemática de graça**. Disponível em: <https://canaldoensino.com.br/blog/10-sites-para-estudar-matematica-de-graca>. Acesso em: 25 abr. 2023.

Esse blog é uma sugestão de um ambiente informatizado que reúne muitas opções de estudo e de atividades, livros e possibilidades de retomar conteúdos que a tempos não vemos. Essa é uma dica de endereço eletrônico por meio do qual você poder fazer pequenos estudos gratuitamente.

4.3 Contribuições da tecnologia recente para o ensino de Matemática

Neste tópico, vamos entrar em contato com alguns dos exemplos de TICs e TDICs que podem ser aproveitados em nossas salas de aula. Serão apresentados alguns conceitos para termos noção das opções existentes.

Como já vimos, na BNCC há uma recomendação explícita para a inserção das TDICs, enquanto os Parâmetros Curriculares Nacionais (PCN) de Matemática (Brasil, 1998) apresentam várias reflexões e indicações para o uso das diferentes tecnologias nas aulas de Matemática. Nesse contexto, sempre são feitos alertas a respeito do preparo do professor com relação não somente ao domínio dos equipamentos, como também ao conhecimento dos objetivos das diferentes tecnologias.

A adoção de TDICs, de acordo com Santos e Sá (2022, p. 73), oferece oportunidades além do lápis e do papel, pois possibilitam "construir novos conhecimentos, por meio de novos canais de informação e novas modalidades de comunicação", mas precisam estar muito bem articuladas com o que a escola pretende ensinar, "com uma intenção pedagógica clara, previamente definida e planejada" (Santos; Sá, 2022, p. 73). Por isso, não podem ser usadas de modo pontual, de forma isolada e sem a certeza de que irá contribuir com o aprender e o ensinar. Precisa, sim, envolver a todos que fazem parte da instituição, pois isso contribui para o engajamento de todos, de modo especial alunos e professores.

Então, ao planejar suas aulas, você precisará ter algumas referências de tecnologias presentes no contexto de hoje e seus objetivos para, assim, avaliar a viabilidade de uso nos conteúdos pretendidos – mantenha em mente a necessária relação entre a tecnologia, o conteúdo e a pedagogia.

4.3.1 Softwares educativos

A palavra *software* já foi incorporada ao vocabulário nacional. Porém, para ficarmos seguros do seu significado, nos apoiaremos em Vesce (2023):

Softwares são programas de computador, que, por sua vez, designam um conjunto de instruções ordenadas que são entendidas e executadas pelo computador. Existem dois tipos principais de softwares: os sistemas operacionais (softwares básicos que controlam o funcionamento físico e lógico do computador) e os softwares aplicativos (executam os comandos solicitados pelo usuário, como os processadores de texto e planilhas eletrônicas). Dois outros tipos de softwares que contém elementos dos softwares básicos e dos softwares aplicativos, mas que são tipos distintos, são: os softwares de rede, que permitem a comunicação dos computadores entre si, e as linguagens de programação, que fornecem aos desenvolvedores de softwares as ferramentas necessárias para escrever programas.

A partir desses esclarecimentos, é possível percebermos quão extenso é o conceito de *software*, bem como suas distinções e aplicações. Em função disso, é também interessante esclarecermos que o *software* conta com algumas características bem definidas em função do tipo de aprendizagem que se quer. Os destinados à aprendizagem da matemática podem ter como finalidade, por exemplo, a aprendizagem algorítmica ou a aprendizagem heurística.

Nesse sentido, Vesce (2023) continua nos ajudando ao distinguir os *softwares* destinados a uma ou outra aprendizagem:

> Em um software de aprendizagem algorítmica a ênfase está na transmissão de conhecimentos, na direção que vai do sujeito que domina o saber para aquele que quer aprender. No modelo algorítmico o desenvolvedor de software tem o papel de programar uma sequência de instruções planejadas para levar o educando ao conhecimento.

Por outro lado, com relação aos *softwares* voltados à aprendizagem heurística, Vesce (2023) mostra que nestes "predominam as atividades experimentais em que o programa produz um ambiente com situações variadas para que o aluno as explore e construa conhecimentos por si mesmo".

Tal reflexão vem ao encontro do que defendem Santos e Sá (2022, p. 74) com relação ao uso das tecnologias, quando afirmam que "precisa ser concebida como meios que possibilitam o desenvolvimento cognitivo e intelectual de quem as utiliza". Ou seja, ensinar matemática vai além do domínio de conceitos, definições e teorias desenvolvidas na referida ciência, pois demanda compreender como funciona o sistema nervoso central, bem como as teorias que explicam como ocorre o aprender. Não esqueça do que já estudou sobre Piaget e Vygotsky.

Depois de pensar a esse respeito, é interessante e necessário um exemplo de uso de *softwares* na sala de aula.

4.3.2 SOFTWARES EDUCATIVOS NAS AULAS DE MATEMÁTICA: ALGUNS EXEMPLOS

Acompanhe com atenção os exemplos que apresentaremos a seguir, lembrando que o uso dos *softwares* facilita os dois modos de aprender que estudamos no Capítulo 2, tudo depende de como inserimos o conteúdo e de como fazemos uso da ferramenta com nossos alunos.

Assim, foram escolhidas para os exemplos algumas ferramentas que permitem trabalhar com a geometria: **GeoGebra**, **Poly Pro** e **Cabri**.

Vamos iniciar pelo GeoGebra:

> Criado por Markus Hohenwarter, o GeoGebra é um software gratuito de matemática dinâmica desenvolvido para o ensino e aprendizagem da matemática nos vários níveis de ensino (do básico ao universitário). O GeoGebra reúne recursos de geometria, álgebra, tabelas, gráficos, probabilidade, estatística e cálculos simbólicos em um único ambiente. Assim, o GeoGebra tem a vantagem didática de apresentar, ao mesmo tempo, representações diferentes de um mesmo objeto que interagem entre si. Além dos aspectos didáticos, o GeoGebra é uma excelente ferramenta para se criar ilustrações profissionais para serem usadas no Microsoft Word, no Open Office ou no LaTeX. Escrito em JAVA e disponível em português, o GeoGebra é multiplataforma e, portanto, ele pode ser instalado em computadores com Windows, Linux ou Mac OS. (GeoGebra, 2023)

Essa é, portanto, uma ferramenta de fácil acesso – o que não dispensa o estudo e a exploração de suas funções.

Indicações culturais

GEOGEBRA – Instituto GeoGebra no Rio de Janeiro. Disponível em: <http://www.geogebra.im-uff.mat.br/>. Acesso em: 26 abr. 2023.

Se você não conhece o GeoGebra, acesse o link indicado.

Agora, vamos falar sobre o Poly Pro, um *software* que pode ser utilizado para estudar poliedros.

Esse *software* é interessante porque permite planificar e reconstruir o poliedro, possibilitando estudar suas propriedades, além de poder também ser usado junto com a planificação e a montagem dos poliedros em cartolina ou outro material resistente.

Segundo o Labormat (2023), o Poly é uma criação do Pedagoguery Software, que permite a investigação de sólidos tridimensionalmente com possibilidade de movimento, planificação e de vista topológica. Possui uma grande coleção de sólidos, platônicos e arquimedianos, entre outros.

Indicações culturais

LABORMAT – Laboratório do Curso de Licenciatura em Matemática. **Poly**. Disponível em: <http://ppgecim.ulbra.br/laboratorio/index.php/softwares-matematicos/poly/>. Acesso em: 26 abr. 2023.

Nesse endereço você encontra informações importantes para poder usar o Poly Pro tanto para os seus estudos quanto com seus alunos.

Outra opção interessante e bastante conhecida é o Cabri, que também trabalha os conceitos da geometria com a utilização de instrumentos virtuais. De acordo com o *site* Edumatec:

> Cabri-Geometry: (DOS) Software de construção em geometria desenvolvido pelo Institut d'Informatiqe et de Mathematiques Appliquees em Grenoble (IMAG). É um software de construção que

nos oferece "régua e compasso eletrônicos", sendo a interface de menus de construção em linguagem clássica da Geometria.

Desse modo, percebemos que existem sugestões interessantes para desvendar os segredos da geometria e suas aplicações e usos em diferentes áreas do conhecimento.

Vale a pena conferir as habilidades indicadas na BNCC, como a "(EF06MA22) Utilizar instrumentos, como réguas e esquadros, ou *softwares* para representações de retas paralelas e perpendiculares e construção de quadriláteros, entre outros" (Brasil, 2018, p. 303). Observe como o estudo até aqui desenvolvido está incluído nessa habilidade destinada ao sexto ano do ensino fundamental. Observe também que essa habilidade é referência para as habilidades propostas para o sétimo ano:

> (EF07MA21) Reconhecer e construir figuras obtidas por simetrias de translação, rotação e reflexão, usando instrumentos de desenho ou *softwares* de geometria dinâmica e vincular esse estudo a representações planas de obras de arte, elementos arquitetônicos, entre outros.
>
> [...]
>
> (EF07MA23) Verificar relações entre os ângulos formados por retas paralelas cortadas por uma transversal, com e sem uso de *softwares* de geometria dinâmica. (Brasil, 2018, 309)

Ou seja, a inclusão dos *softwares* voltados ao ensino de Matemática torna-se evidente, pois apresentam muitas oportunidades de aprender e ensinar essa disciplina com o olhar e o pensamento voltados para a compreensão do mundo que nos cerca.

Indicações culturais

KAMPFF, A. J. C.; MACHADO, J. C.; CAVEDINI, P. Novas tecnologias e educação matemática. **Renote**, Porto Alegre, v. 2, n. 2, p. 1-11, nov. 2004. Disponível em: <https://seer.ufrgs.br/index.php/renote/article/view/13703>. Acesso em: 13 nov. 2023.

MIASHIRO, G. et al. O uso de softwares educativos no ensino de matemática nos anos iniciais do ensino fundamental. In: CONGRESSO INTERNACIONAL DE EDUCAÇÃO E TECNOLOGIAS; ENCONTRO DE PESQUISADORES EM EDUCAÇÃO A DISTÂNCIA, 2020, São Carlos. Disponível em: <https://cietenped.ufscar.br/submissao/index.php/2020/article/view/1535>. Acesso em: 10 nov. 2023.

4.3.3 *Softwares* educativos: outras sugestões

No que se refere aos *softwares* educacionais, é certo que, se você mergulhar na internet, encontrará muitas opções. No entanto, que tal uma ajudinha?

Quadro 4.1 – Softwares *educativos para o ensino-aprendizagem da Matemática*

SOFTWARE	OBJETIVO	OBSERVAÇÕES
WINMAT	Construção de matrizes, cálculo de determinantes, matriz inversa, matriz transposta, polinômio característico da matriz.	
CINDERELLA	Construção de figuras hiperbólicas e esféricas.	
DR.	Construção de figuras geométricas a partir de suas propriedades.	
GEO	Construção de conceitos analíticos da Geometria no sistema de coordenadas cartesianas.	
GEOSPACE	Construção geométrica espacial.	
WINGEON	Construção geométrica bidimensional e tridimensional.	
TANGRAM	Construção de figuras através das peças do tangram.	
GRAPHMATIC	Construções de gráficos de funções elementares.	
WINPLOT	Construção de gráficos de funções elementares em duas e três dimensões.	

Fonte: Noé, 2023b.

Diante disso, é importante destacar a relação do uso desses *softwares* com o que a BNCC nos solicita na competência 5. Usar as TDICs, *softwares* e outras modalidades tecnológicas precisam estar a serviço do aprender de modo integral. Ou seja, é necessário ampliar a capacidade de pensar utilizando ideias de diferentes áreas do conhecimento, as quais permitem construir um conhecimento que saiba utilizar processos e ferramentas matemáticas para fazer escolhas tanto para si como para toda a sociedade.

É por isso que vale a pena conhecer as possibilidades da utilização dos jogos virtuais.

4.4 ATIVIDADES MATEMÁTICAS COM BASE NA TECNOLOGIA

É indiscutível a presença dos jogos na vida de crianças e, especialmente, de adolescentes e jovens adultos. Isso se deve, em parte, ao desenvolvimento da tecnologia. Sendo assim, por que deixaríamos de trazer o jogo para a educação e, no nosso caso, para a matemática? Aproveite para pensar e se inspirar a fim de desenvolver atividades matemáticas que tenham os recursos tecnológicos como via de ensinar e aprender.

Grando (2000) mostra que os jogos são recursos importantes para atender à demanda atual tanto em relação ao que se espera do aprendizado quanto à formação daquele que aprende. Isso porque os jogos promovem o lançamento de desafios e instigam a busca de estratégias, o que vem ao encontro das abordagens que deslocam o professor da posição de monopolizador das atenções. Os jogos desequilibram esquemas cognitivos, acrescem elementos e propiciam novos esquemas – com isso, o aluno aprende.

4.4.1 JOGOS VIRTUAIS

Confira a seguir algumas sugestões de jogos virtuais que podem ser úteis em sala.

Algarismos romanos

É um jogo *on-line* que possibilita revisar o conteúdo central, mas também permite associá-lo com aspectos históricos tanto dos números quanto da cultura na Roma Antiga.

Figura 4.1 – Jogo Algarismos Romanos

https://www.escolagames.com.br/jogos/algarismos-romanos

Indicações culturais

ESCOLA GAMES. **Algarismos romanos**. Disponível em: <https://www.escolagames.com.br/jogos/algarismosRomanos/>. Acesso em: 26 abr. 2023.

Você pode conhecer bem esse jogo acessando o endereço dado.

Batalha dos números

Quem nunca teve dificuldade para reconhecer os sinais de *maior* e *menor que* (> ou <) e raciocinar sobre eles? A Batalha dos números propõe comparações entre quantidades. É um jogo que trabalha com conceitos básicos de linguagem matemática e com as quatro operações, em diferentes situações a serem resolvidas. Além de avançar no domínio dos conceitos, promove o desenvolvimento dos processos lógico-matemáticos. Interações com o objeto de estudo, como nos ensinou Piaget, facilitam a compreensão e a proposição de alternativas de solução para situações diversas.

Indicações culturais

ESCOLA GAMES. **Batalha dos números**. Disponível em: <http://www.escolagames.com.br/jogos/batalhaNumeros>. Acesso em: 26 abr. 2023.

Nesse link *você pode conhecer melhor o jogo* Batalha dos números.

Casa de carne

O jogo *Casa de carne* começa propondo a seguinte situação-problema: "A Casa de Carne Escola Games está lotada e é necessário escolher, para cada cliente, o corte de carne mais indicado e cobrar o valor correto. Contamos com seus conhecimentos para atender a todos muito bem!" (Escola Games, 2023).

O que é muito interessante nesse jogo é que os alunos precisam organizar e reorganizar estratégias para cumprir as tarefas solicitadas, calcular o valor da compra e escolher as notas certas para pagar a conta. Além disso, possibilita conhecer os diferentes cortes de carne e a região do corpo do boi da qual elas vêm.

Indicações culturais

CANAL DO ENSINO. **8 jogos de matemática online grátis**. Disponível em: <https://canaldoensino.com.br/blog/8-jogos-de-matematica-online-gratis>. Acesso em: 26 abr. 2023.

A sugestão do site Canal do Ensino tem a intenção de lhe oferecer um espaço de conhecimento de outros jogos que foram criados a partir de jogos físicos. Nele encontraremos jogos como Cubo mágico, Torre de Hanói, entre outros. Vale a pena conferir e, a partir deles, descobrir outros espaços digitais dedicados ao ensino da Matemática.

ESCOLA GAMES. **Casa de Carne**. Disponível em: <http://www.escolagames.com.br/jogos/casaDeCarne>. Acesso em: 26 abr. 2023.

Acesse esse endereço e conheça mais sobre o jogo Casa de carne.

4.4.2 Gamificação

Você já ouviu falar sobre *gamificação*? Esse é um assunto, de certo modo, recente. Papert (2008) já havia lançado algumas ideias a respeito desse tema no fim do século XX, contudo, somente no início do século XXI é que essa ideia tomou fôlego e atualmente tem sido bastante considerada, pois pesquisas recentes mostram sua pertinência às demandas do contexto atual.

Como já vimos anteriormente, os jogos virtuais são uma alternativa interessante não apenas para chamar e manter a atenção dos alunos, mas também para o desenvolvimento das diferentes potencialidades do pensamento humano.

No entanto, a "gamificação" não é o jogo em si, como explica Fardo (2013, p. 2):

> a gamificação pressupõe a utilização de elementos tradicionalmente encontrados nos games, como narrativa, sistema de feedback, sistema de recompensas, conflito, cooperação, competição, objetivos e regras claras, níveis, tentativa e erro, diversão, interação, interatividade, entre outros, em outras atividades que não são diretamente

associadas aos games, com a finalidade de tentar obter o mesmo grau de envolvimento e motivação que normalmente encontramos nos jogadores quando em interação com bons games.

Portanto, a ideia é inserir nos ambientes educativos os princípios utilizados nos *games* que tanto atraem e fidelizam crianças, jovens e adultos – o que envolve material concreto, mas não apenas.

Levando em consideração que o estudo da gamificação é muito novo e que, quando se trata do ensino da Matemática, torna-se ainda mais recente, vale a pena dar atenção ao trabalho de Rosa et al. (2021), pois aponta aspectos importantes. A pesquisa se deu pela busca de publicações sobre o assunto, das quais Rosa et al. (2021) destacam as ideias dos respectivos autores:

> Dessa forma, considerando [...] a obra organizada por Fofonca *et al.* (2018), descobriu-se que a Gamificação, uma dessas ferramentas, quando aplicada no ensino da matemática estimula não somente a motivação e o engajamento dos alunos, mas também amplia as oportunidades da construção do raciocínio lógico, a prática do trabalho em grupo, o espírito de liderança e a competição saudável.
>
> Corroborando com o tema, Moraes (2017) também explica que existe uma grande possibilidade de criação de um ambiente que envolva o aluno, utilizando as mesmas estratégias que os *game-designer*, porém, direcionado para a aprendizagem de várias disciplinas. A inserção dessa estrutura nos processos de ensino e aprendizagem da Matemática apresentam excelentes e interessantes resultados segundo os melhores pesquisadores da área.
>
> Quanto à aplicação da Gamificação na disciplina de Matemática, Esquivel (2017) enfatiza a importância da prática como altamente enriquecedora para a aula, uma vez que ela promove a participação ativa dos alunos, valoriza seus conhecimentos prévios e *ressignifica* (transforma acontecimentos ruins em aprendizado ou motivação) os erros [sic] consequentemente medo [sic] que muitos nutrem em relação à matemática. Da mesma forma, Oliveira Durso *et al.* (2016) destacam a Gamificação como grande facilitadora do conhecimento,

responsável pela melhoria na agilidade dos alunos nas soluções em questões e por promover a autonomia de alunos quando no uso de recursos de apoio. Já de acordo com Santos (2017), ao correlacionar a Matemática com a Gamificação, o relato dos estudantes foi de que as atividades desenvolvidas tornaram-se muito mais agradáveis e menos entediantes, principalmente para o público infantil [...].

Desse modo, podemos afirmar que a gamificação traz contribuições para o ensino de Matemática como: motivação, envolvimento, desenvolvimento do pensamento lógico, competição saudável, aprendizado do trabalho em grupo, ressignificação dos erros, agilidade, autonomia, entre outras.

Indicações culturais

ÁRVORE. **7 exemplos de gamificação para aplicar em sala de aula**. 15 jun. 2022. Disponível em: <https://www.arvore.com.br/blog/exemplos-gamificacao>. Acesso em: 26 abr. 2023.

COSTA, R. **Gamificação das aulas de Matemática**. Disponível em: <https://www.laboratoriosustenvaldematematica.com/2018/11/gamificacao-das-aulas-de-matematica-por.html>. Acesso em: 26 abr. 2023.

Consulte esses dois textos a fim de saber mais sobre a gamificação.

Síntese

É fato que a tecnologia está presente em todas as dimensões da vida humana e isso inclui a educação em geral. Assim, neste capítulo, refletimos sobre a relação entre as TICs e as TIDCs e sua ação sobre a aprendizagem, bem como a respeito de suas possibilidades de contribuição para o ensino da Matemática.

Assim, além de discutirmos sobre a importância do uso da tecnologia para fins educativos de modo especial na educação matemática, pudemos identificar as modalidades tecnológicas mais indicadas para o ensino da matemática: *softwares* educacionais, jogos virtuais – com ênfase naqueles que se relacionam com a manipulação de objetos.

Em seguida, apresentamos as principais características de *softwares* como Geo Gebra, Cabri, Poly Pro, entre outros. Além disso, vimos jogos virtuais que se mostram como recursos importantes em relação ao desenvolvimento dos conteúdos e à formação daquele que aprende, pois promovem o lançamento de desafios e instigam a construção de estratégias.

Por fim, tratamos da "gamificação", que se ocupa de trazer os elementos e princípios dos jogos virtuais para os ambientes educativos, pois, além de contribuir para a motivação e a fidelização da criança e do adolescente, permite o estudo de conceitos e o desenvolvimento do pensamento matemático.

Atividades de autoavaliação

1. Leia atentamente o texto:

> Diante do contexto globalizado e "tecnologizado" em que vivemos, preparar o estudo de um assunto, de qualquer área do conhecimento, tornou-se um desafio. O que dizer, então, do ensino de Matemática? Para muitos professores, essa se torna uma missão quase impossível. No entanto, pesquisas atuais indicam o uso da própria tecnologia para vencer esse desafio.

A seguir você encontra afirmativas a respeito desse assunto. Escolha somente aquelas que representam as vantagens de incluir a tecnologia nas aulas de Matemática:

I. As novas tecnologias imprimem dinamismo ao que era apresentado de forma imóvel, e isso tem reflexos nos processos cognitivos.

II. As novas tecnologias pressupõem a substituição do trabalho do professor, visto que o grande objetivo é a autonomia do aluno.

III. A interatividade dá suporte para que o aluno pense sobre suas concretizações mentais.

IV. A opção pelo uso das tecnologias na educação se dá apenas pela economia de tempo.

V. O professor é desafiado a conhecer as diferentes tecnologias e seus produtos educacionais.

Agora, assinale a alternativa que indica todas as afirmativas corretas:

a) As afirmativas I, III e V estão corretas.

b) As afirmativas II, III e IV estão corretas.

c) As afirmativas I, II e V estão corretas.

d) As afirmativas III, IV e V estão corretas.

2. Analise as afirmativas a seguir e marque com (V) as verdadeiras e com (F) as falsas:

( ) O GeoGebra é um jogo virtual que desenvolve a habilidade de desenhar.

( ) O Poly Pro trabalha com a planificação e a construção dos poliedros.

( ) A "gamificação" pode ser entendida como uma possibilidade de trazer as regras dos jogos para o ambiente de sala de aula.

( ) Os jogos virtuais podem ajudar na compreensão e na fixação de conceitos matemáticos.

Agora, assinale a alternativa que apresenta a sequência correta:

a) V, F, F, V.

b) F, V, V, V.

c) V, V, F, F.

d) V, V, F, V.

3. A instauração da cultura digital trouxe alguns conceitos importantes para a compreensão da atualidade e, consequentemente, para as ações desenvolvidas em sala de aula. Tendo isso em vista, numere a segunda coluna de acordo com a primeira.

(1) Cidadania digital
(2) Letramento digital
(3) Relação entre tecnologia e sociedade

( ) Mudanças no modo de viver e seus desafios.
( ) Uso responsável da tecnologia.
( ) Escrever, interpretar e codificar informações com a tecnologia.

Agora, assinale a alternativa que apresenta a sequência numérica obtida:

a) 3, 1, 2.
b) 1, 2, 3.
c) 2, 3, 1.
d) 3, 2, 1.

4. A tecnologia educacional se constitui em um conjunto de instrumentos para intervir no processo de ensino e aprendizagem. Diante dessa informação, analise as afirmativas a seguir e classifique-as como verdadeiras (V) ou falsas (F).

( ) Um quadro de giz e um flanelógrafo são tecnologias educacionais.
( ) O que mais importa é como o aluno pode aprender utilizando os recursos disponíveis.
( ) A tecnologia educacional é um instrumento bastante presente na educação tradicional.
( ) As tecnologias digitais da informação e da comunicação (TDICs) potencializam a união de conceitos, definições e explicações para compreender o saber.

Agora, assinale a alternativa que apresenta a sequência obtida:

a) V, V, F, F.
b) V, V, F, V.

c) F, F, V, V.
d) F, F, V, F.

5. Utilizar tecnologias digitais da informação e da comunicação (TDICs), *softwares* e outras modalidades tecnológicas é algo que deve estar a serviço do aprender de modo integral. Diante dessa informação, analise as afirmações seguir.

   I. É necessário ampliar a capacidade de reflexão utilizando-se ideias das diferentes áreas do conhecimento.
   II. Na matemática, as TDICs incluem a formação do cidadão que sabe fazer escolhas para si e para os outros.
   III. Deve-se ensinar matemática com o olhar e o pensamento voltados para a realidade dos estudantes.
   IV. A tecnologia e a formação da pessoa são aspectos distintos e sem nenhuma interação positiva.

   Agora, assinale a alternativa que indica todas as afirmativas corretas:
   a) As afirmativas I, III e IV estão corretas.
   b) As afirmativas II e IV estão corretas.
   c) As afirmativas I, II e III estão corretas.
   d) As afirmativas II, III e IV estão corretas.

ATIVIDADES DE APRENDIZAGEM

Questões para reflexão

1. Que tal explorar a internet em busca de opções de *softwares* educativos e jogos virtuais dedicados à matemática? Faça uma pesquisa e organize um arquivo com o nome dos jogos, a finalidade, os conteúdos, as faixas etárias e os endereços eletrônicos de cada um deles. Você pode compartilhar seu arquivo com os demais colegas de curso.

2. Elabore uma lista que contenha entre cinco e dez motivos para a inclusão da tecnologia nas aulas de Matemática.

Atividade aplicada: prática

1. Escolha dois ou três professores de Matemática próximos a você e, de maneira informal, pergunte-lhes se conhecem os *softwares* educativos GeoGebra, Cabri e Poly Pro. Caso respondam "sim", continue a conversa perguntando o que perceberam de positivo no decorrer da aplicação dessas ferramentas. Caso respondam que nunca usaram os *softwares* indicados, continue a conversa perguntando os motivos e se gostariam de conhecê-los. Em seguida, produza um pequeno texto que relate os resultados de suas entrevistas.

5
O LUDISMO NO ENSINO DA MATEMÁTICA

O conteúdo desenvolvido neste capítulo pretende oferecer condições para que possamos reconhecer o papel dos jogos como possibilidade de aprendizagem matemática, bem como suas alternativas de aplicação em sala de aula. Após a leitura deste capítulo, você será capaz de identificar as características de um jogo; classificar, discutir e elaborar critérios de escolha; criticar e relacionar o conteúdo com outras áreas do conhecimento; tomar decisões a respeito da escolha dos jogos; criar e confeccionar jogos, adaptando-os de acordo com a faixa etária dos alunos e os materiais disponíveis.

Para os adeptos da escola tradicional, realizar um jogo em sala de aula pode representar um gasto de tempo desnecessário. No entanto, o número de defensores do uso de jogos em sala de aula vem crescendo desde o século XIX (lembrando que tal ideia acompanha os pensadores que se posicionaram contra a escola tradicional). No caso do ensino de Matemática, as grandes mudanças do início do século XX – lideradas por Félix Klein e, no Brasil, por Euclides Roxo – são momentos de grande importância e influência no processo de proposições a respeito do uso de jogos para a aprendizagem matemática.

Ao final do século XX, a reflexão e algumas práticas a respeito do tema já estavam devidamente constituídas. Desse modo, evidenciam-se alguns educadores, como Kamii, Kishimoto, Huizinga, que, com base nas teorias do desenvolvimento, fortaleceram a indicação do uso de jogos. Inspirados e respaldados por tais pensadores, temos hoje, no país, pesquisadores como Katia Smole e Regina Grando, que estão reunindo cada vez mais adeptos e defensores dessa ideia. Tais estudos movem-se em direção ao desenvolvimento da capacidade de criar e aplicar estratégias para as diferentes situações da vida. Sendo assim, a Base Nacional Comum Curricular (BNCC) voltada para a área de matemática, apresenta a competência 3, a saber:

> Compreender as relações entre conceitos e procedimentos dos diferentes campos da Matemática (Aritmética, Álgebra, Geometria, Estatística e Probabilidade) e de outras áreas do conhecimento, sentindo segurança quanto à própria capacidade de construir e aplicar conhecimentos matemáticos, desenvolvendo a autoestima e a perseverança na busca de soluções. (Brasil, 2018, p. 267)

Com um olhar mais apurado e crítico, é possível perceber que há uma preocupação com a formação integral da pessoa e que, para isso, precisamos de todas as áreas do conhecimento. Isso vai se refletir por toda a história da pessoa, ou seja, o jogo permite incluir o conhecimento – seja ele matemático, seja de outras áreas – na formação de pessoas que atuam em todos os âmbitos da sociedade.

É claro que, nesse contexto, o principal ator é o professor que se permite envolver nessa grande caminhada. Desse modo, sua formação passa a ser o grande aliado. Há muitas resistências, mas é certo que, com o aumento do grau de conhecimento a respeito e o lançamento do desafio de transformar a própria prática, muitas mudanças ocorrerão.

5.1 O papel do jogo na educação

Houve um tempo em que não se admitia o jogo dentro da sala de aula, pois esse recurso era visto apenas como diversão e, assim, não poderia se conceber a possibilidade de aprender por meio de uma situação descontraída.

Fiorentini e Miorim (1990, p. 1) lançam questões que evidenciam o ponto de partida para a reflexão sobre o uso dos jogos nas aulas de Matemática:

> Por um lado, o aluno não consegue entender a matemática que a escola lhe ensina, muitas vezes é reprovado nesta disciplina, ou então, mesmo que aprovado, sente dificuldades em utilizar o conhecimento "adquirido"; em síntese, não consegue efetivamente ter acesso a esse saber de fundamental importância.
>
> O professor, por outro lado, consciente de que não consegue alcançar resultados satisfatórios junto a seus alunos e tendo dificuldades de, por si só, repensar satisfatoriamente seu fazer pedagógico, procura novos elementos – muitas vezes, meras receitas de como ensinar determinados conteúdos – que, acredita, possam melhorar este quadro.

No entanto, ao revisitar o contexto histórico da educação, verificamos que muitos daqueles que pensaram a educação no decorrer dos séculos indicam a importância do ludismo na educação. Alves (2012) fala de alguns deles:

- Os gregos, como Platão, já defendiam a importância de aprender matemática de forma atrativa e para isso indicavam o jogo.
- Os egípcios, romanos e maias aproveitavam-se do jogo para trabalhar a formação de valores, conhecimentos, normas, padrões de vida, entre outros temas.

- Rabelais, no século XVI; Rousseau, no século XVIII; Froebel, no século XIX; Spencer, Dewey, Claparède, no final do século XIX e início do século XX, já apontavam a importância dos jogos como forma de conduzir a aprendizagem de forma mais eficiente.

Desse modo, podemos perceber que essa discussão é antiga. No nosso caso, convém expor as ideias de Piaget e Vygotsky a esse respeito, visto que, no Capítulo 2, destacamos suas respectivas teorias do desenvolvimento. Alves (2012, p. 21) enfatiza o principal pensamento de cada um desses pensadores:

> Piaget (1896-1980), também em defesa do uso de jogos na educação, critica a escola tradicional, por ter como objetivo acomodar as crianças aos conhecimentos tradicionais, em oposição ao que ele defende, que é suscitar indivíduos inventivos, críticos e criadores. Por isso proclama: "Os métodos de educação das crianças exigem que se forneça às crianças um material conveniente, a fim de que, jogando, elas cheguem a assimilar as realidades intelectuais que, sem isso, permanecem exteriores à inteligência infantil" (Piaget; Inhelder, 1973, p. 150).
>
> Vygotsky (1896-1934) acentua que "apesar da relação brinquedo-desenvolvimento poder ser comparada à relação instrução-desenvolvimento, o brinquedo fornece ampla estrutura básica para mudanças das necessidades e da consciência (1994, p. 135).

Algo que merece atenção é que a percepção a respeito do jogo tem ultrapassado o espaço do entretenimento, ocupando um lugar de destaque no desenvolvimento cognitivo da pessoa, como afirma Piaget (1976, p. 160):

> O jogo é, portanto, sob as suas formas essenciais de exercício sensório-motor e de simbolismo, uma assimilação do real à atividade própria, fornecendo a esta seu alimento necessário e transformando o real em função das necessidades múltiplas do eu. Por isso, os métodos ativos de educação das crianças exigem que se forneça às crianças um material

conveniente, a fim de que, jogando, elas cheguem a assimilar as realidades intelectuais que, sem isso, permanecem exteriores à inteligência infantil.

Ou seja, não basta propor um jogo, mas sim ter clareza de suas contribuições para o desenvolvimento do pensamento da criança, adolescente ou adulto.

Fiorentini e Miorim (1990) apresentam preocupação com relação ao modo como os professores e demais profissionais da educação percebem a interconexão entre o jogo e o modo como se concebe a educação e a prática pedagógica, de modo especial quando se volta o olhar para o ensino da Matemática:

> antes de optar por um material ou um jogo, devemos refletir sobre a nossa proposta político-pedagógica; sobre o papel histórico da escola, sobre o tipo de aluno que queremos formar, sobre qual matemática acreditamos ser importante para esse aluno.
>
> O professor não pode subjugar sua metodologia de ensino a algum tipo de material porque ele é atraente ou lúdico. Nenhum material é válido por si só. Os materiais e seu emprego sempre devem estar em segundo plano. A simples introdução de jogos ou atividades no ensino da matemática não garante uma melhor aprendizagem desta disciplina. (Fiorentini; Miorim, 1990, p. 6)

Desse modo, fica claro que a formação do professor para o uso de jogos em sala de aula se faz essencial, pois é preciso afastar a ideia de que o uso do jogo apenas preenche o tempo dos alunos ou que, por si só, ensina. Outro destaque a ser feito é que a combinação dos diferentes materiais disponíveis, de acordo com a demanda, apresenta-se como um caminho interessante para o planejamento das aulas de diferentes conteúdos.

Indicações culturais

ALVES, L.; BIANCHIN, M. A. O jogo como recurso de aprendizagem. **Revista da Associação Brasileira de Psicopedagogia**, v. 27, n. 83, p. 282-287, 2010. Disponível em: <https://www.revistapsicopedagogia.com.br/detalhes/210/o-jogo-como-recurso-de-aprendizagem>. Acesso em: 26 abr. 2023.

Acesse esse endereço para ampliar o conjunto de informações importantes sobre o jogo e o desenvolvimento da pessoa.

5.2 Os tipos de jogos e as aulas de Matemática

Se alguém perguntasse a você o que é um jogo, o que responderia?

Vários pesquisadores também já se fizeram essa pergunta e, das suas respostas, podemos extrair algumas características fundamentais do jogo. Smole, Diniz e Milani (2007, p. 11-12) destacam as seguintes características:

- o jogo deve ser para dois ou mais jogadores, sendo, portanto, uma atividade que os dois realizam juntos;
- o jogo deverá ter um objetivo a ser alcançado pelos jogadores, ou seja, ao final, haverá um vencedor;
- o jogo deverá permitir que os alunos assumam papéis interdependentes, opostos e cooperativos, isto é, os jogadores devem perceber a importância de cada um na realização dos objetivos do jogo, na execução das jogadas, e observar que um jogo não se realiza a menos que cada jogador concorde com as regras estabelecidas e coopere seguindo-as e aceitando suas consequências;
- o jogo precisa ter regras preestabelecidas que não podem ser modificadas no decorrer de uma jogada, isto é, cada jogador deve perceber que as regras são um contrato aceito pelo grupo e que sua violação representa uma falta; havendo o desejo de fazer alterações, isso deve ser discutido com todo o grupo e, no caso de concordância geral, podem ser impostas ao jogo daí por diante;

- no jogo deve haver possibilidade de usar estratégias, estabelecer planos, executar jogadas e avaliar a eficácia desses elementos nos resultados obtidos, isto é, o jogo não deve ser mecânico e sem significado para os jogadores.

Observe que há ideias muito fortes nessa citação, de modo que podemos destacar que o jogo deve desafiar o aluno por meio de problematizações interessantes; permitir a autoavaliação; estimular a participação de todos os jogadores, de acordo com as regras, e a capacidade deles para discuti-las.

Smole, Diniz e Milani (2007) destacam que o trabalho com jogos em matemática possibilita o desenvolvimento de habilidades como: observação, análise, levantamento de hipóteses, busca de suposições, reflexão, tomada de decisão, argumentação e organização. Além disso, "favorece o desenvolvimento da linguagem, diferentes processos de raciocínio e de interação entre os alunos, uma vez que durante o jogo cada jogador tem a possibilidade de acompanhar o trabalho de todos os outros, defender pontos de vista e aprender a ser crítico e confiante em si mesmo" (Smole; Diniz; Milani, 2007, p. 9).

Tais ideias estão presentes nas orientações contidas na BNCC (Brasil, 2018), que aponta para o desenvolvimento da competência de resolver situações-problemas ligadas ao cotidiano pessoal e coletivo. É interessante reconhecer que, anteriormente à BNCC, os Parâmetros Curriculares Nacionais (PCN) já indicavam que os jogos:

> Propiciam a simulação de situações-problema que exigem soluções vivas e imediatas, o que estimula o planejamento das ações; possibilitam a construção de uma atitude positiva perante os erros, uma vez que as situações sucedem-se rapidamente e podem ser corrigidas de forma natural, no decorrer da ação, sem deixar marcas negativas. (Brasil, 1998, p. 46)

O mesmo documento indica que os jogos são interessantes meios pelos quais o professor pode analisar seus alunos e avaliá-los nos seguintes itens:

- compreensão: facilidade para entender o processo do jogo assim como o autocontrole e o respeito a si próprio;
- facilidade: possibilidade de construir uma estratégia vencedora;
- possibilidade de descrição: comunicar o procedimento seguido e da maneira de atuar;
- estratégia utilizada: capacidade de comparar com as previsões ou hipóteses. (Brasil, 1998, p. 47)

O diálogo entre as diferentes ideias a respeito do jogo e a educação, bem como com o que nos orienta a BNCC, geram a demanda de apurar o olhar sobre como incluir o ludismo nas aulas de Matemática. É sobre isso que vamos refletir a seguir.

5.3 Elementos da tecnologia na prática pedagógica da matemática com o lúdico

De modo bem objetivo e tendo como ponto de partida os estudos feitos até aqui, vamos analisar algumas atividades lúdicas. Mas, antes, precisamos identificar o papel do professor e os cuidados a serem tomados na sua preparação, especialmente quando se trata da escolha dos jogos.

5.3.1 O professor e os jogos nas aulas de Matemática

Antes de partirmos para os exemplos de jogos, é importante chamar a atenção para o preparo que precisamos ter antes de utilizar esses recursos em sala de aula.

Nesse sentido, com base em Smole, Diniz e Milani (2007), destacamos alguns aspectos importantes:

- **Escolha do jogo** – Os critérios de escolha devem ser claros para o professor. Diante de um conjunto de jogos possíveis para a turma e o tema, o educador deve eliminar aqueles que não condizem com os aspectos mais importantes dos jogos estudados anteriormente.

Portanto, o melhor jogo será aquele que apresentar conteúdo significativo, que for desafiador, que apresentar a possibilidade de cooperação entre os pares com relação às regras e suas consequências, que tiver um tempo de execução compatível com o tempo disponível, que apresentar a possibilidade de adaptações em função das características da turma. Esses são critérios fundamentais, o que não impede que o professor estipule outros, de acordo com suas turmas.

- **Apresentação do jogo** – O jogo deve ser apresentado à turma, por exemplo, com o auxílio de apresentações dinâmicas, com a demonstração de algumas imagens e pontos em que os alunos devam prestar atenção. As regras podem ser lidas coletivamente e discutidas. Em certos casos, é interessante que o professor jogue com a turma para que possa então esclarecer as regras, os conteúdos e as dúvidas.

- **Organização da turma** – A organização da turma pode ser livre, respeitando suas condições; o professor pode também sugerir o arranjo em grupos, de modo que se respeitem as condições de relacionamento dentro da turma e do desenvolvimento dos alunos. Desse modo, é possível incentivar os alunos a ajudarem seus colegas ou então estimulá-los para que aqueles que apresentam maior autonomia joguem entre si. Essas possibilidades podem auxiliar o educador a acompanhar os grupos com alunos que tenham maiores dificuldades. Enfim, esse é um aspecto que deve ser muito bem pensado e não há regras definitivas, pois cada turma é singular.

- **Tempo para o jogo** – É preciso ter certeza de que o tempo disponível é suficiente não só para o desenvolvimento do jogo em si, mas também para a aprendizagem dos alunos. Para isso, é importante que o professor jogue antes com outra pessoa para avaliar tanto esse aspecto quanto os demais.

- **Registro** – É importante estimular os alunos a registrarem suas estratégias, assim como os resultados. Isso ajuda a autoavaliação do aluno e a reconstrução de estratégias para os próximos momentos de uso dos jogos.

Portanto, adquirir conhecimentos dos aspectos básicos do uso de jogos em sala, buscar o aprofundamento nesse tema, organizar exemplos diversos e planejar são fatores que contribuirão para que suas aulas de Matemática tenham jogos muito interessantes.

5.3.2 Os tipos de jogos

Chegou a hora do estudo específico a respeito dos jogos. Haverá maior efeito se tivermos clareza sobre os tipos de jogos que têm ocupado espaço de destaque. Lima (1991, citado por Alves, 2012, p. 33) traz como foco de sua reflexão o emprego de estratégia para resolução de problemas e, assim, classifica os jogos como: "disputa entre duas ou mais pessoas; quebra-cabeças de montagem ou movimentação de peças; desafios, enigmas, paradoxos".

Por outro lado, Grando (1995, p. 52-53, citado por Alves, 2012, p. 34) considera o caráter didático-metodológico e a função dos jogos em um contexto social. Assim, a classificação dada por essa autora aos jogos é a seguinte:

- jogos de azar: aqueles jogos em que o jogador depende apenas da "sorte" para ser o vencedor;
- jogos quebra-cabeças: jogos de soluções, a princípio desconhecidas para o jogador, em que, na maioria das vezes, joga sozinho;
- jogos de estratégias: são jogos que dependem exclusivamente da elaboração de estratégias do jogador, que busca vencer o jogo;
- jogos de fixação de conceitos: são os jogos utilizados após a exposição dos conceitos, como substituição das listas de exercícios aplicadas para "fixar conceitos";
- jogos computacionais: são os jogos em ascensão no momento e que são executados em ambiente computacional;
- jogos pedagógicos: são jogos desenvolvidos com objetivos pedagógicos de modo a contribuir no processo ensinar-aprender. Estes na verdade englobam todos os outros tipos.

Há outras classificações, mas, diante dos objetivos da presente obra, os apresentados aqui são suficientes.

5.4 Atividades matemáticas com base no ludismo

Depois de apresentar os principais aspectos teóricos a respeito dos jogos e do ensino de Matemática, vamos aos exemplos criados por pesquisadores que conquistaram autoridade pelo seu intenso trabalho. Veremos também alguns exemplos desenvolvidos por pessoas que, acreditando serem capazes de mudar suas aulas, enfrentaram o desafio da inclusão de jogos nas aulas de Matemática e fizeram de sua sala de aula um campo de pesquisa.

Nossa intenção aqui é lançar uma provocação para que você se proponha a desenvolver ótimas aulas de Matemática que incluam jogos e outros recursos.

5.4.1 Boliche: adição, subtração e divisão

O jogo de boliche pode fazer parte de um conjunto de atividades colocadas à disposição dos alunos que os desafiem a encontrar a solução de uma situação-problema que envolva o estudo das operações matemáticas. É importante destacarmos que essa atividade apresenta um caráter interdisciplinar, pois envolve os conteúdos de Matemática, Educação Física e de Arte, e inclui o uso adequado dos movimentos, a articulação entre força, distância e alvo. Além disso, a construção dos pinos pode ser transformada em um momento criativo e divertido, pois traz a oportunidade de escolha de materiais e cores, a criação de identificações para os pinos e a delimitação da pista, o equilíbrio do peso dos pinos, a construção de tabelas para registro dos pontos obtidos, entre outros materiais que forem percebidos como necessários. Abrange ainda o conhecimento a respeito do jogo e suas regras originais.

Não é incomum que, a partir das regras originais e do contexto em que o jogo acontece (por exemplo, o tamanho do ambiente em que será jogado), as regras possam sofrer adaptações, desde que sejam de comum acordo entre os participantes. Desse modo, o boliche vai além da diversão e dos conhecimentos matemáticos e permeia o desenvolvimento integral.

A seguir, apresentaremos o exemplo de uma sequência de etapas que podem ajudar a desenvolver os conceitos das quatro operações sem que isso se torne uma tarefa enfadonha ou repetitiva.

- **1º momento** – Apresente uma situação-problema a ser resolvida pelos alunos.

    a. Converse com a turma sobre as despesas que costumam ter: o que mais gostam de comprar, os itens que não comprariam, o que consideram essencial ter, e assim por diante. Na sequência, lance a seguinte questão: "Arthur recebe uma mesada de seus pais a cada 30 dias. No entanto, ele sempre fica sem dinheiro antes de receber a próxima mesada. Como Arthur pode melhorar o uso do seu dinheiro?".

- **2º momento** – Colete opiniões a respeito do que se percebe na situação que acabou de ser apresentada. É importante abrir espaço para que os alunos possam, com liberdade e organização, manifestar suas primeiras impressões a respeito do tema e lançar suas hipóteses.

- **3º momento** – Pode ser o momento da pesquisa em que os alunos tomam contato com o texto do livro, buscam informações na internet, entrevistam alguém ou até mesmo assistem a uma aula expositiva a respeito do assunto.

- **4º momento** – O jogo.

    a. O primeiro passo é construir o jogo de boliche para um grupo de quatro alunos (ou para cada dois grupos de quatro alunos):

    - Material a ser utilizado: 10 garrafas de PET de 1 litro ou 1,5 litro, restos de EVA, fitas e outros materiais congêneres, cola, tinta guache, canetinhas.

    - Organize com seus alunos a decoração dos pinos (garrafas), numerando-as de 1 a 10, representando os pontos a serem marcados ao derrubá-las.

    - A bola pode ser de plástico ou feita de meias de *nylon*.

    - Antes de começar o jogo, é preciso conhecê-lo. Não podemos pressupor que todos os alunos o conheçam. Assim, apresente o jogo de modo geral, fale sobre sua história, que tipo de bola é usada e seu peso, os movimentos que o jogador faz para atingir seus objetivos, a pista e seus materiais de fabricação.

- Após a preparação dos materiais e o reconhecimento do jogo, é hora de organizar o espaço e também as regras. É importante que as regras sejam combinadas. Entre elas:
  - a distância do arremesso;
  - a disposição dos pinos em relação aos valores de cada um;

Figura 5.1 – A pista de boliche

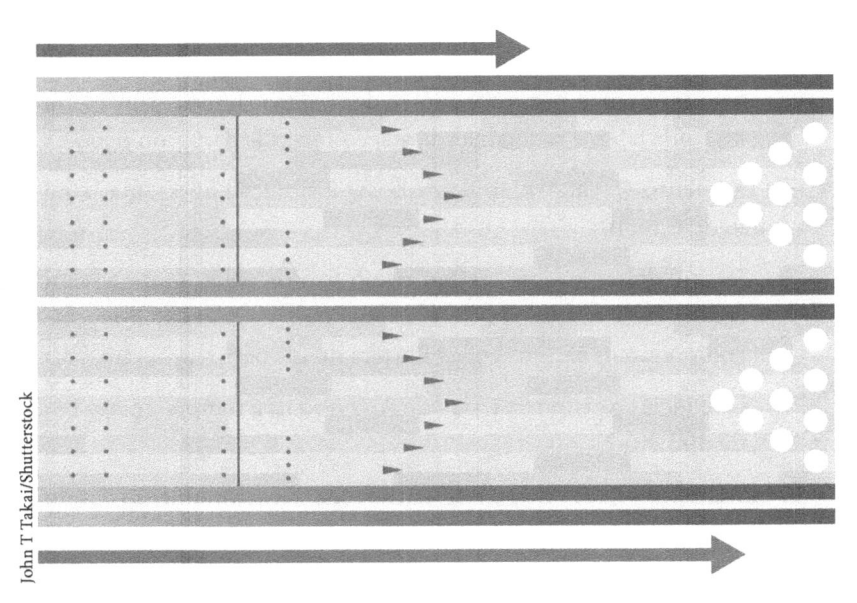

- o número de jogadas – serão feitas quatro jogadas: uma para cada participante do grupo;
- os pinos derrubados – de uma jogada para outra, os pinos derrubados devem voltar ao seu lugar;
- o registro e a contagem dos pontos: para cada jogada, devem ser registrados os pontos feitos pelo participante.

- **5º momento** – Situações propostas.

    a. O valor da mesada do Arthur é igual à soma dos valores dos pinos do boliche, que são numerados de 1 a 10. Qual é o valor da mesada do Arthur?

    b. Arthur tem como dívida o valor correspondente ao número de pontos da primeira jogada que seu grupo fez.

    c. Arthur ajudou seu avô a cortar a grama do jardim e, como recompensa, recebeu um valor correspondente ao dobro dos pontos obtidos na segunda jogada da sua equipe.

    d. O tio do Arthur veio passear em sua cidade. Tio e sobrinho foram ao *shopping* da cidade. Em uma das lojas, Arthur visualizou um dos jogos virtuais que estava querendo comprar. O valor do jogo era o correspondente à soma dos pontos obtidos na primeira, segunda e terceira jogadas da sua equipe. Ele comprou o jogo!

- **6º momento** – Elaboração da resposta à situação apresentada no início do estudo.

    a. Diante das colocações feitas, como ficou a situação de Arthur com a mesada que recebeu de seus pais neste mês? Ele pode comprar mais alguma coisa? Ele terá dívida para o próximo mês?

    b. Que ideias o grupo dá para que Arthur tenha sempre uma sobra de dinheiro?

- **7º momento** – Hora de pensar a atividade. Nesse momento, é interessante fazer um balanço da sequência de atividades. Para isso, sugerimos que você se prepare antes também para responder algumas perguntas, como as que seguem:

    a. A problematização despertou interesse nos alunos de tal modo que eles se empenharam em participar da conversa inicial?

    b. No decorrer da pesquisa, os alunos se empenharam em trazer informações? As informações trazidas foram pertinentes?

    c. Na construção do material, houve empenho de todos?

d. No decorrer da resolução das questões propostas, quais as dúvidas que os alunos tiveram? Que encaminhamentos você deu a elas?

e. Como os alunos receberam as diferentes soluções apresentadas pelos grupos? Houve debates ou questionamentos a respeito da solução de cada grupo?

f. O que você mudaria nessa sequência de atividades?

Um último destaque: o jogo de boliche também contribui com a sua formação como professor. É isso que o 7º momento pretende: ajudar você a pensar sobre como está desenvolvendo o seu trabalho.

Indicações culturais

JOGO da adição, subtração, multiplicação e divisão. 7 out. 2014. Disponível em: <https://www.youtube.com/watch?v=W_ZkMG0GvRk>. Acesso em: 26 abr. 2023.

Nesse vídeo você poderá conhecer mais um jogo que envolve as quatro operações.

A atividade sugerida anteriormente pode servir de inspiração para que sua criatividade aflore no uso dos jogos que se seguem.

5.4.2 Dominó matemático

A seguir, você encontrará algumas variações que foram obtidas por meio de adaptações do dominó, um jogo muito popular, envolvente e desafiador. A primeira é bem simples. É preciso montar 28 peças em formato de retângulos (feitos com papelão, EVA ou outro material firme) e dividi-los ao meio. De um lado, temos a operação desejada e, do outro, uma resposta. Veja o exemplo na Figura 5.2.

Figura 5.2 – Modelo para as peças do dominó

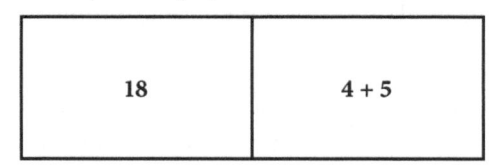

18	4 + 5

As peças devem ser igualmente divididas entre os participantes e as restantes devem ser separadas para compra. O início pode ser por sorteio ou por outra maneira combinada com os alunos. O primeiro participante deve colocar uma peça à sua escolha; o próximo jogador deve colocar uma peça que corresponda ao resultado da operação que está em uma das pontas ou também colocar uma pedra que represente a operação cujo resultado seja o número que está em uma das pontas. E assim se sucedem as jogadas. Vence quem terminar suas pedras por primeiro.

Deve-se dar atenção especial à construção das peças, pois é preciso que, para cada operação, haja o resultado correspondente em outra peça.

Os alunos podem criar as operações, confeccionar as peças e chamar outras equipes para jogar com eles. Um pequeno campeonato pode ser uma boa ideia.

Os registros dos resultados podem ajudar a construir a consolidação do que foi aprendido.

INDICAÇÕES CULTURAIS

BATALHA Geométrica – Jogo Matemático Passo a Passo. 2018. Disponível em: <https://www.youtube.com/watch?v=dr2SelgZSdI>. Acesso em: 26 abr. 2023.

COMO FAZER um jogo bem legal para ensinar matemática | Sistema de numeração decimal. 2020. Disponível em: <https://www.youtube.com/watch?v=WzOXw5f8bj4>. Acesso em: 26 abr. 2023.

Nesses vídeos você encontrará o relato de uma professora com o passo a passo para a montagem de cada jogo.

5.4.3 Dominó da divisibilidade

O objetivo do Dominó da divisibilidade é promover a elaboração das regras de divisibilidade por 2, 3, 5, 10 (Alves, 2012, p. 52).

Material:
- 28 caixas de fósforos ou de papelão; (pode ser substituído por cartas feitas em pedaços pequenos de papelão, papel mais reforçado)
- uma caixa de sapato (é para guardar o material, então pode ser algo menor, desde que acomode as cartas que compõem o jogo);
- pedaços de cartolina;
- lápis de cor;
- folhas de papel (caderno);
- lápis grafite.

Procedimentos:
- Peça para que os alunos procurem no dicionário o significado da palavra *divisível*, atividade a ser entregue ao professor no dia em que iniciar a atividade.
- Divida a turma em equipes com 4 alunos.
- Entregue 28 caixas de fósforos para cada equipe.
- Demarque o meio da caixa com uma linha divisória.
- Substitua a palavra *divisível* pela letra *d*.
- Explique com clareza as regras do jogo.
- Embarque e embaralhe as peças do dominó.
- Inicie o jogo com a peça *D-2 dupla*, pois a primeira regra a ser descoberta é a divisibilidade por 2.
- Continue o jogo no sentido horário ou anti-horário, a depender dos jogadores.

- Oriente cada jogador, na sua vez, a colocar a peça de acordo com o que está escrito em cada uma delas.

Com base em Alves (2012 p. 52-54), na Figura 5.3, temos uma sugestão de números para a verificação da divisibilidade – dependendo do grau de aprendizagem da turma, você poderá modificar os números envolvidos.

Figura 5.3 – Modelo de peças do dominó da divisibilidade

D-2	D-2		196	196
D-3	D-3		627	627
D-5	D-5		505	505
D-10	D-10		810	810
D-2	D-3		358	358
D-2	D-5		801	801
D-2	D-10		925	925
D-3	D-5		630	630
D-3	D-10		1008	1008
D-5	D-10		7314	7314
D-2	358		3160	3160
D-3	801		2950	2950
D-5	925		954	954
D-10	630		741	250

Fonte: Elaborado com base em Alves, 2012, p. 52-54.

Assim, temos os seguintes resultados:

- O aluno testa a divisibilidade, fazendo a conta de dividir em uma folha à parte.
- As peças duplas devem ser colocadas em uma posição diferente daquela das peças comuns.
- Se o aluno não tiver uma peça que dê para jogar, passa a sua vez para outro.
- O vencedor será aquele que terminar suas peças por primeiro ou que tiver o menor número de pontos.
- Ao terminar o jogo, verifique se as peças estão colocadas nas posições corretas. Se não estiverem, solicite aos alunos uma nova rodada. Caso estejam, os alunos devem verificar a posição das peças e tentar descobrir as regras de divisibilidade, uma regra em cada.
- Explique com clareza as regras da jogada completa.
- A turma deve jogar quantas vezes se fizer necessário para que descubram as regras e as escrevam em seus cadernos.
- Após encontrarem todas as regras, os alunos deverão jogar dominó usando as normas.

> Observação: você pode substituir os números. Desse modo, terá vários jogos de dominó que podem ser trocados entre os diferentes grupos.

5.4.4 Cartões multiuso

A resolução de expressões numéricas é muito importante para o desenvolvimento do pensamento matemático e costuma ser um grande desafio, tanto para alunos como para professores.

O objetivo do jogo *Cartões multiuso* é a elaboração e a resolução de operações e expressões numéricas, bem como o trabalho com as propriedades no conjunto dos números naturais (Alves, 2012, p. 55).

Material:
- caixas de sapatos;
- cartolina;
- tesoura;
- lápis de cor;
- grafite;
- borracha;
- régua.

Procedimentos (Alves, 2012, p. 55):
- Divida a cartolina em quadrinhos de 5 cm de lado (serão necessários 60 quadrinhos).
- Recorte esses quadrinhos e escreva em cada um deles algarismos e sinais: 0, 1, 2, 3, 4, 5, 6, 7, 8, 9, +, −, x, (), [].
- Com a cartolina que sobrar, faça também o traço do resultado.
- Guarde os cartões nas caixas de sapatos com o nome de cada aluno

Propriedades (Alves, 2012, p. 55):
- Dê o nome da propriedade para que os alunos elaborem exemplos para cada uma delas utilizando seus cartões.
- Depois de conferir os resultados, peça para que os alunos escrevam a definição de cada uma das propriedades.
- Quando alguma propriedade não for válida para determinada operação em questão, deverão ser formulados exemplos e a explicação dessa não validade.
- Solicite a cada aluno a leitura do que escreveu sobre as propriedades, a fim de que toda a classe analise as definições de todos.
- Solicite também a elaboração de problemas que deverão ser resolvidos com esses cartões, além de contas com suas respectivas provas.

Esse procedimento poderá ser realizado em outros tipos de jogos, cuja execução da tarefa de jogar é direcionada para a formação de novas aprendizagens, pois, por meio do jogo, o aluno faz uso do concreto para compreender o assunto envolvido. Alves (2012) ainda destaca que o jogo é benéfico por possibilitar o estímulo na exploração de respostas, sem que exista o constrangimento do erro.

5.4.5 Batalha naval com coordenadas cartesianas

O popular jogo *Batalha naval* tem tudo a ver com o plano cartesiano. É interessante observar como as opções estão próximas do nosso cotidiano e dependem de algumas adaptações apenas.

Procedimentos:
- O primeiro passo para a realização desse jogo é organizar a turma. De preferência, organize os alunos em trios, sendo dois jogadores e um juiz. O segundo passo é distribuir os tabuleiros, cujos modelos você pode ver na Figura 5.4 e 5.5.

Figura 5.4 – Tabuleiro do jogo

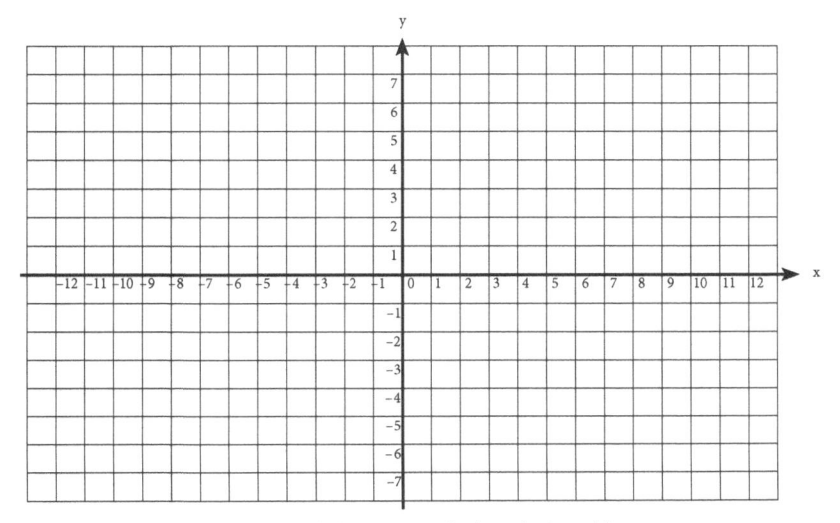

Embarcações: 1 Porta-aviões (5 quadrados); 2 Encouraçados (4 quadrados cada); 3 Cruzadores (3 quadrados cada); 4 Submarinos (2 quadrados cada)

Fonte: Paraná, 2023a.

Figura 5.5 – Modelo para registrar os tiros no jogo do oponente

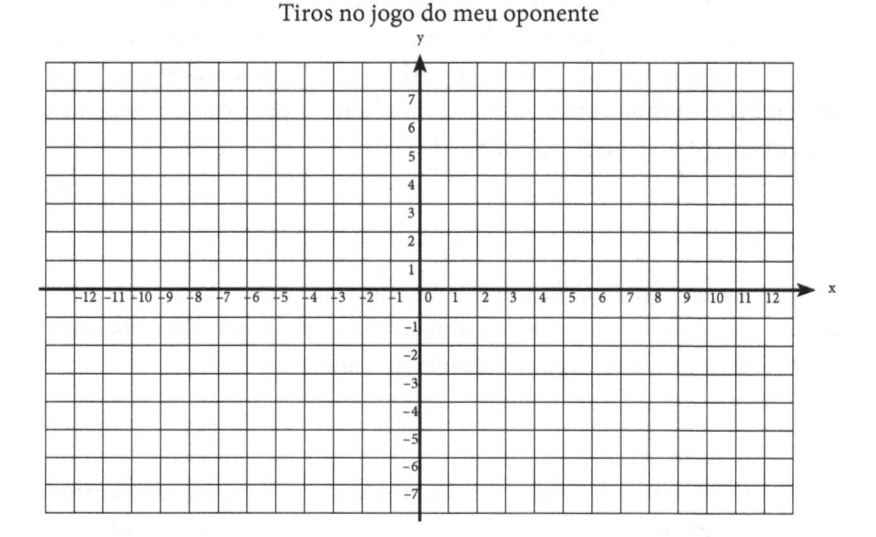

Tiros no jogo do meu oponente

Fonte: Paraná, 2023a.

Objetivos:
- O objetivo desse jogo é aprender a marcar pontos no plano cartesiano. Para organizá-lo, siga os passos apresentados na sequência (Paraná, 2023a):

    a. Cada jogador deve distribuir suas embarcações pelo tabuleiro, marcando os quadrados em que estarão ancoradas suas embarcações da seguinte forma: 1 porta-aviões (5 quadrados); 2 encouraçados (4 quadrados cada um); 3 cruzadores (3 quadrados cada um); 4 submarinos (2 quadrados cada um).

    b. As embarcações devem ocupar os quadrados na extensão de uma linha ou de uma coluna. Por exemplo: um porta-aviões deve ocupar cinco quadrados em uma linha ou em uma coluna.

    c. Não é permitido que duas embarcações se toquem ou se sobreponham.

d. Deve ser distribuída pelo menos uma embarcação em cada quadrante.

e. A função do juiz é observar se os jogadores estão marcando corretamente os pontos nos dois tabuleiros (no tabuleiro do seu jogo e no tabuleiro de controle dos tiros dados no tabuleiro do adversário).

Regras:
- Não se esqueça de deixar claras as regras do jogo (Paraná, 2023a):
    a. Os participantes não devem revelar ao seu oponente a localização de suas embarcações.
    b. Os jogadores decidem quem começa a atirar.
    c. Cada jogador, na sua vez de jogar, deve tentar atingir uma embarcação do seu oponente. Para isso, indicará ao seu oponente um ponto (tiro) no plano cartesiano, dando as coordenadas x e y desse ponto. Lembrando que as coordenadas x, y são pares ordenados (x, y) em que o primeiro número deve ser lido no eixo x e o segundo no eixo y.
    d. O oponente marca o ponto correspondente no seu tabuleiro e avisa se o jogador acertou uma embarcação ou se acertou a água. Caso tenha acertado uma embarcação, o oponente deverá informar qual delas foi atingida. Caso tenha sido afundada, isso também deverá ser informado. Uma embarcação é afundada quando todos os quadrados que formam essa embarcação forem atingidos.
    e. Para que o participante tenha o controle dos pontos que indicou ao seu oponente, deverá marcar cada um dos pontos indicados no plano correspondente ao do oponente no seu tabuleiro.
    f. Para atingir uma embarcação, basta acertar um dos vértices de um dos quadrados em que a embarcação está ancorada.
    g. Para afundar uma embarcação, é preciso acertar pelo menos um dos vértices de cada um dos quadrados em que a embarcação está ancorada.

h. Se o jogador acertar um alvo, tem direito a uma nova jogada e assim sucessivamente, até acertar a água ou até que tenha afundado todas as embarcações.
i. Se o jogador acertar a água, passa a vez para seu oponente. Também passará a vez para o seu oponente ou perderá uma jogada aquele que marcar um ponto de forma incorreta, em qualquer um dos tabuleiros. Esse erro deve ser indicado pelo juiz.
j. O jogo termina quando um dos jogadores afundar todas as embarcações de seu oponente.

Indicações culturais

PARANÁ. Secretaria da Educação. **Batalha naval com coordenadas cartesianas**. Disponível em: <http://www.matematica.seed.pr.gov.br/modules/conteudo/conteudo.php?conteudo=1320>. Acesso em: 26 abr. 2023.

Nesse link *você poderá encontrar na íntegra a atividade que estamos sugerindo aqui.*

5.4.6 Bingo com números inteiros

O *Bingo com números inteiros* (Paraná, 2023c) é um jogo desafiador, pois exige que a expressão numérica seja resolvida muito rapidamente. A explicação e a forma de construção estão no texto indicado.

Indicações culturais

PARANÁ. Secretaria da Educação. **Jogo para sala**: bingo com números inteiros. Disponível em: <http://www.matematica.seed.pr.gov.br/modules/conteudo/conteudo.php?conteudo=223>. Acesso em: 26 abr. 2023.

Nesse link, *você poderá conhecer na íntegra o jogo* Bingo com números inteiros.

Procedimentos:
- O primeiro passo é organizar a turma, lembrando que o jogo é individual. Cada aluno recebe uma cartela e 16 marcadores (feijões, milhos ou outro). O participante pode ter uma folha rascunho para resolver cada expressão numérica proposta. Você deve estar com as fichas devidamente preparadas.

Objetivos (Paraná, 2023c):
- Trabalhar com as quatro operações fundamentais relacionadas aos números inteiros.
- Desenvolver processos de cálculo mental, relações entre ganho e perda e tabuada.

Regras (Paraná, 2023c):
- As fichas com as operações são colocadas dentro de um saco.
- Retire uma operação e fale aos jogadores.
- Os jogadores resolvem a operação, obtendo o resultado que estará em algumas das cartelas.
- Aquele que tiver o resultado, marca-o.
    a. Caso tenha dois resultados iguais em uma mesma cartela, marca-os simultaneamente.
    b. Vence o jogador que marcar todos os resultados de sua cartela*.

Indicações culturais

JOGOS de matemática. Disponível em: <https://www.youtube.com/watch?v=O3bUHb9qxVI>. Acesso em: 26 abr. 2023.

Saiba mais a respeito o trabalho com expressões numéricas que envolvam o trabalho com positivo e negativo.

---

* Você pode conhecer as sugestões de cartelas e fichas sugeridos pela professora Ângela Salenave para o jogo no *link*: PARANÁ. Secretaria da Educação. **Jogo multiplicativo**. Disponível em: <http://www.matematica.seed.pr.gov.br/arquivos/File/Jogo_multiplicativo_tabuleiro.pdf>. Acesso em: 26 abr. 2023.

5.4.7 Contig 60

O Contig 60 envolve a construção de sentenças matemáticas e suas resoluções, ajudando o aluno a desenvolver a atenção e a rapidez no ato de calcular.

Procedimentos:
- Organização da turma: grupos com 4 alunos.
- Recursos por grupo: 3 dados; folhas para anotar a pontuação; rascunhos para escrever as sentenças; 25 marcadores de um tipo e 25 marcadores de outro (feijões, botões, milho).

Objetivos:
- Trabalhar com expressões numéricas, envolvendo as quatro operações fundamentais;
- Desenvolver processos de estimativa, cálculo mental e tabuada.

Regras:
- Os jogadores decidem qual dupla inicia o jogo.
- Cada dupla começa o jogo com 60 pontos.
- As duplas jogam alternadamente.
- A dupla joga os 3 dados e constrói uma sentença numérica, usando uma ou duas operações diferentes, com os números obtidos nos dados. Por exemplo: com os números 2, 3 e 4, pode-se construir *(2+3) x 4 = 20*. A dupla, nesse caso, cobrirá o espaço marcado com o 20, usando um marcador de sua cor. Só é permitido utilizar as quatro operações básicas.
- Contagem de pontos: ganha-se um ponto ao colocar um marcador em um espaço desocupado que seja vizinho a um espaço que já tenha outro marcador (horizontalmente, verticalmente ou diagonalmente); a dupla subtrai de 60 (marcação inicial) o ponto recebido. Colocando-se outro marcador num espaço vizinho, junto a um espaço já ocupado, mais pontos poderão ser obtidos. Por exemplo:

se os espaços *0*, *1* e *27* estiverem ocupados, a dupla ganharia 3 pontos colocando um marcador no espaço *28*. A cor dos marcadores dos espaços ocupados não importa para essa contagem. Os pontos obtidos numa jogada são subtraídos do total de pontos da dupla.

- Se um jogador construir uma sentença errada, o adversário poderá acusar o erro, ganhando com isso 2 pontos, a serem subtraídos do total do oponente; aquele que errou deve retirar seu marcador do tabuleiro e corrigir seu total de pontos, caso já tenha efetuado a subtração.

- Se uma dupla passar sua jogada, por acreditar que não é possível fazer uma sentença numérica com aqueles valores dos dados, e se a dupla adversária achar que é possível fazer uma sentença com os dados jogados pelo colega, esta última poderá fazê-la, antes de fazer sua própria jogada. Se estiver correta, a dupla que fez a sentença ganhará o dobro do número de pontos correspondentes e, em seguida, poderá fazer sua própria jogada.

- O jogo termina quando uma das duplas conseguir colocar 5 marcadores, da mesma cor, em linha reta, sem nenhum marcador do adversário intervindo. Essa linha poderá ser horizontal, vertical ou diagonal. O jogo também termina se acabarem os marcadores de uma das duplas. Nesse caso, a dupla vencedora será aquela que tiver o menor número de pontos*.

Indicações culturais

PARANÁ. Secretaria da Educação. **Jogo para sala:** Contig 60. Disponível em: <http://www.matematica.seed.pr.gov.br/modules/conteudo/conteudo.php?conteudo=52>. Acesso em: 26 abr. 2023.

Nesse link *você tem acesso ao* Contig 60.

---

* Você pode conhecer o tabuleiro do jogo no *link*: PARANÁ. Secretaria da Educação. **Jogo para sala:** Contig 60. Disponível em: <http://www.matematica.seed.pr.gov.br/modules/conteudo/conteudo.php?conteudo=52>. Acesso em: 26 abr. 2023.

5.4.8 Corrida de obstáculos (grupo Mathema)

O Mathema é um grupo que se preocupa em estudar a educação matemática e atua pesquisando e desenvolvendo metodologias para ajudar professores na promoção da melhoria do ensino da matemática.

O jogo *Corrida de obstáculos* (Smole; Diniz; Milani, 2007, p. 69) envolve a resolução de equações do primeiro grau e pode ser aplicado com alunos do 6º e 7º anos do ensino fundamental. A seguir, você encontrará uma síntese desse jogo. Leia com atenção.

Materiais:
- 1 tabuleiro;
- 1 dado;
- 3 marcadores (feijão, milho, tampinha ou outro);
- 18 cartas com números positivos, sendo três cartas de cada um dos seguintes números: +1, +2, +3, +4, +5 e +6;
- 18 cartas com números negativos, sendo três cartas de cada um dos seguintes números: −1, −2, −3, −4, −5 e −6;
- cartas zero.

Procedimentos:
- A turma deverá ser organizada em duplas ou trios. Para começar a atividade, é interessante criar uma história que chame a atenção dos alunos e que remeta à necessidade de percorrer um caminho (que está no tabuleiro) o mais rápido possível. Chame atenção para o fato de que, nesse caminho, há obstáculos que precisam ser vencidos.
- As seguintes orientações devem ser dadas aos alunos:
    c. As cartas devem ser embaralhadas e colocadas em seus respectivos lugares, viradas para baixo.
    d. Os jogadores devem posicionar seus marcadores sobre o tabuleiro no ponto de partida.
    e. Tira-se par ou ímpar para decidir quem começa.

f. Cada jogador, na sua vez, lança o dado e avança o número de casas de acordo com o valor obtido no dado.

g. Retira-se uma carta do monte, à escolha do participante, e calcula-se o valor numérico da expressão algébrica da casa de acordo com o número da carta.

h. Efetuados os cálculos, o resultado obtido indicará o valor e o sentido do movimento do marcador nas casas. Se for positivo, o jogador deve avançar; se for negativo, deve recuar; se for zero, não há avanço nem recuo.

i. Se o marcador cair em uma casa que contém uma instrução, o jogador deverá executá-la na mesma jogada.

j. Sempre que o jogador escolher um número que anule o denominador da expressão, deverá voltar para o ponto de partida.

k. O vencedor será o jogador que completar, em primeiro lugar, duas voltas no tabuleiro, chegando novamente ao ponto de partida, o qual será também o ponto de chegada. Se, na reta final, o número de casas a andar ultrapassar o ponto de chegada, o jogador também será considerado vencedor.

5.4.9 Baralho da adição no conjunto Z

O objetivo do jogo *Baralho da adição no conjunto Z* é calcular adições algébricas mediante uma atividade lúdica (Alves, 2012, p. 55). Para isso, você precisará apenas de cartas de baralho (do ás ao 10).

Procedimentos:
- organizar a turma em equipes de quatro pessoas;
- distribuir todas as cartas entre os componentes das equipes;
- observar as regras que se seguem:

a. As cartas vermelhas (ouros e copas) devem ser consideradas negativas, e as cartas pretas (espadas e paus) devem ser consideradas positivas.

b. Cada aluno deve colocar uma carta virada para cima no meio da mesa.

c. O aluno que souber efetuar a adição algébrica indicada nas cartas deve bater na mesa.

d. Quem bater primeiro deve resolve a operação; se a resolução estiver correta, o jogador fica com as quatro cartas (não misturando com as que já têm na mão), caso a resposta não esteja correta, outro aluno poderá bater na mesa e responder.

e. O jogo prossegue até todos acabarem as cartas que têm nas mãos.

f. Vence aquele que ficar com o maior número de cartas.

5.4.10 Mosaico de frações

O jogo que apresentaremos agora une duas ideias de forma muito interessante: as frações e o mosaico, uma forma de expressão artística que se constitui do encaixe de formas geométricas. Por meio dessa atividade, você terá a oportunidade de vivenciar com os alunos a relação direta entre a matemática e a arte.

O jogo *Mosaico de frações* foi criado pela professora Maria Verônica Rezende de Azevedo. Segundo a autora, tem como objetivo propiciar desafios ao aluno, a fim de que ele estabeleça relações entre o conceito de fração e sua notação numérica. Além disso, facilita a percepção do aluno sobre as relações de equivalência de frações, favorecendo também a manipulação da forma geométrica hexagonal por meio da formação de um mosaico.

Esse jogo pode ser realizado com turmas a partir do 4º ano do ensino fundamental. O professor pode adaptar as regras, caso seja necessário.

Azevedo (1999b) chama a atenção para que o professor proponha a exploração das cartas a fim de que os alunos descubram as possíveis correspondências entre as frações, pedindo que o professor resista à tentação de revelá-las aos alunos prematuramente.

Procedimentos:

- Para realizar essa atividade, você precisará de 24 cartas hexagonais – 22 delas devem ser divididas em 6 partes. Dessas 6 partes, 3 devem ser ocupadas por frações ou por desenhos que representem frações. As duas cartas restantes não devem apresentar nenhuma informação, pois são cartas *coringa*, que poderão ser usadas para o fechamento de uma rosácea.

Explicaremos agora como o jogo funciona:

- Distribua quatro cartas hexagonais para cada aluno – o bolo será formado pelas cartas restantes juntamente das que não têm número.

- O jogo inicia com o aluno que estiver com a carta que contém a fração *1/1*; próximo jogador deve encostar na peça inicial (*1/10*) um desenho ou uma fração do mesmo valor.

- O jogo continua com a colocação de peças que tenham correspondência com as frações ou desenhos que forem aparecendo com os encaixes feitos.

- O processo lembra um pouco o jogo de dominó.

- Caso o jogador não tenha uma peça que sirva, deve ir ao bolo e comprar uma carta; se a carta não servir, ele deve passar a vez.

- O objetivo desse jogo é formar uma rosácea com seis peças. Cada peça colocada e que mostre uma correspondência vale um ponto. Caso a peça colocada mostre duas correspondências corretas, vale dois pontos. Quem fechar a rosácea ganha 10 pontos. Nesse caso, não deverão ser contados os dois pontos das duas correspondências.

- Ao fechar a rosácea, o jogador poderá colocar a peça central que não tem números – a peça central de uma rosácea pode ser usada para completar outra rosácea.

- Quem usar todas as peças por primeiro, recebe mais cinco pontos e interrompe o jogo para a contagem final de pontos.

Sobre a aplicação desse jogo, Azevedo (1999a) relata uma experiência em que, tendo as cartas distribuídas, foi solicitado aos alunos que as explorassem, tendo como ponto de partida a ideia de que o jogo poderia ser semelhante ao dominó.

O formato da peça (hexagonal) causou inquietação nos alunos, que logo tentaram justapor as cartas, buscando semelhanças. Com certa ajuda do professor, perceberam a correspondência entre o desenho e a notação numérica. À medida que as jogadas foram sendo feitas e as possibilidades de jogadas foram diminuindo, os alunos perceberam as frações equivalentes – o que aconteceu, muitas vezes, por meio da comparação dos desenhos. Somente depois disso é que a contagem de pontos foi apresentada e iniciou-se a partida.

Azevedo (1999a) destaca que é muito importante permitir a familiarização dos alunos com as cartas e com as regras, mesmo que isso exija um tempo maior, pois assim o pensamento lógico vai se formando de modo que os alunos construam o conceito e possam aprender a buscar as várias possibilidades de encaixes das peças.

5.4.11 Jogo da memória de equações de 1º grau

Nem precisamos relembrar a importância do conteúdo *equações*. Portanto, explorar o assunto de maneiras diversas pode incluir um jogo em que o aluno será convidado a resolver várias equações, estimulando o desenvolvimento da memória.

A ideia desse jogo segue o princípio básico de qualquer jogo da memória: a associação de pares. Nesse caso, esse jogo permite variações. Por exemplo: para alunos iniciantes na álgebra, usam-se cartas em que será necessário relacionar a representação de expressões com seu significado; para alunos que já estão resolvendo equações, usam-se cartas que contenham representações de equações e representações.

À medida que os alunos progridem na compreensão, pode-se usar cartas com pequenas expressões matemáticas a serem resolvidas e cartas com o resultado. O aluno deverá resolver a equação que recebeu e encontrar a carta com o resultado desta.

Procedimentos:
- O primeiro passo para realizar esse jogo é construir as cartas (e nisso seus alunos podem ajudar): escolha duas cores, a fim de obter dois conjuntos de cartas. Por exemplo: se você escolheu azul e vermelho, pode usar o azul para as equações e o vermelho para as respostas.
- Em seguida, coloque nessas cartas as equações escolhidas. Mais adiante, na Figura 5.6, você encontrará algumas sugestões de cartas. No entanto, você pode escolher outras se quiser, de acordo com o momento em que seus alunos se encontram. Garanta que, para cada representação ou equação escolhida, exista a resposta no outro conjunto de cartas.
- O próximo passo é organizar a turma em duplas ou trios, dependendo do número de alunos e da quantidade de conjuntos de cartas que você dispuser no momento. Estimule os alunos a decidirem quem começará o jogo.

Regras:
- Ao iniciar a atividade, explique que as cartas devem ser embaralhadas e dispostas sobre a mesa com as faces viradas para baixo. Em um primeiro sinal, as cartas devem ter as faces viradas para cima e, ao segundo sinal, devem voltar a ter as faces viradas para baixo.
- O primeiro participante deve virar uma carta, ler a informação e identificar a resposta. A partir disso, deve virar uma carta com a resposta. Se a carta com o resultado corresponder à equação resolvida, o aluno pode ficar com as cartas correspondentes e virar mais uma carta com nova representação ou equação e repetir o processo. Se a carta do resultado não corresponder, o aluno deve desvirar as duas cartas e passar a vez para o próximo jogador. Ganha o jogo quem ficar com mais cartas.

No caso de optar por resolução de equações, se perceber que há necessidade, conceda aos alunos a possibilidade de ter um rascunho para resolver a equação. No entanto, incentive-os a deixar o papel e priorizar o cálculo mental.

Figura 5.6 – Modelos de cartas para o jogo

A terça parte de um número.	$y/3$
A metade do número de carros mais 10 carros é igual a 20. Qual é o número de carros?	20 carros
$8/x = 2$	$x = 4$

Fonte: Elaborado com base em Flores, 2013.

Indicações culturais

FLORES, S. R. **Linguagem matemática e jogos**: uma introdução ao estudo de expressões algébricas e equações do 1º grau para alunos da EJA. 39 f. Dissertação (Mestrado Profissional em Matemática em Rede Nacional) – Universidade Federal de São Carlos, São Carlos, 2013. Disponível em: <https://repositorio.ufscar.br/handle/ufscar/5935>. Acesso em: 26 abr. 2023.

É interessante aprofundar o conhecimento sobre jogos e ter à mão diferentes opções. Confira as indicações feitas nessa dissertação.

5.4.12 Capturando polígonos

O jogo *Capturando polígonos* foi desenvolvido pelo grupo Mathema (Smole; Diniz; Milani, 2007, p. 61). Conforme indicado anteriormente, relembramos que esse grupo se dedica à pesquisa e à elaboração de materiais que contribuam para a melhoria da educação matemática.

Procedimentos:
- Para realizar o jogo *Capturando polígonos* com seus alunos, você precisará de 8 cartas com propriedades sobre ângulos, 8 cartas com propriedades sobre lados e 20 polígonos.

- O objetivo dessa atividade é explorar propriedades relativas a lados e ângulos de polígonos. Os jogadores deverão relacionar as propriedades de lados e ângulos com polígonos correspondentes.

Regras:
- Organizar os alunos em duplas ou quartetos (em caso de quarteto, joga-se dupla contra dupla).
- Distribuir as cartas, que contêm os polígonos no centro da área de jogo, viradas para cima.
- Embaralhar as cartas de propriedades relativas a ângulos e colocá-las em uma pilha, com as faces viradas para baixo. O mesmo deve ser feito com as cartas com propriedades relativas a lados.
- Os jogadores decidem quem começa o jogo. Na sua vez de jogar, o primeiro jogador retira uma carta com uma propriedade sobre os ângulos e uma carta com uma propriedade sobre os lados de polígonos. Analisando os polígonos sobre a mesa, o aluno poderá capturar todos os polígonos que apresentam ambas as propriedades. As figuras capturadas ficam com o jogador.
- O jogo prossegue assim, até que restem apenas dois ou menos polígonos.
- Se um jogador capturar a figura errada e o jogador seguinte souber corrigir o erro, este poderá ficar com a carta.
- Se um jogador não conseguir relacionar as propriedades com as cartas da mesa e outro jogador souber a resposta, este último pode capturar as cartas.
- Se nenhum polígono puder ser capturado com as cartas retiradas pelo jogador, este poderá ainda retirar mais uma carta e tentar capturar polígonos com duas das três cartas de propriedades. Se ainda assim ele não conseguir capturar um polígono, deverá passar a sua vez.

- As cartas de propriedades retiradas a cada jogada ficam fora do jogo e, assim que as duas pilhas terminem, as cartas retiradas devem ser embaralhadas novamente e colocadas em jogo, como no início da atividade.
- Vence quem chegar ao final do jogo com o maior número de polígonos.

Indicações culturais

MATHEMA. Disponível em: <http://mathema.com.br/>. Acesso em: 26 abr. 2023.

Nesse site, você poderá entender como o grupo funciona e conhecer a produção de materiais muito interessantes.

Como foi possível perceber, as oportunidades são muitas, pois há materiais disponíveis, espaços para troca de ideias, e assim por diante. Está em nossas mãos escolher proporcionar aos nossos alunos momentos de grande avanço e preparo para viver bem consigo mesmo e com os outros. Quem disse que a matemática não lida com a formação humana integral?

Síntese

Então, gostou das sugestões? É nosso desejo que você se sinta chamado a deixar suas aulas muito mais ativas, a aprofundar os conceitos, leis e teorias que explicam fenômenos, aguçam a curiosidade e desafiam a inteligência humana.

Há uma tendência bastante acentuada de incluir os jogos nas estratégias para aulas de Matemática, pois esses recursos ajudam os alunos a desenvolver habilidades e competências importantes para sua formação como cidadãos capazes de atuar significativamente no contexto atual, de modo que aprender matemática faça diferença na vida deles. A BNCC nos orienta nesse caminho.

O professor é parte essencial na inclusão dos jogos no cotidiano escolar e, para isso, é necessário que esteja disposto a se aprofundar no assunto, pesquisar novas sugestões, observar, classificar, relacionar e criar critérios de escolha para trazer para a sala de aula os jogos que melhor atendam ao momento da turma.

Há muitos exemplos de jogos que já foram desenvolvidos em diferentes grupos de estudo, tanto de grandes centros de pesquisa como de variadas escolas pelo país afora. Além de conhecer tais grupos e suas produções, você pode tê-los como fonte de consulta e aplicação. Além disso, você deve pesquisar, criar, adaptar essas ideias, dando oportunidades aos alunos e a si mesmo.

ATIVIDADES DE AUTOAVALIAÇÃO

1. Analise as afirmativas a seguir e marque (V) para verdadeiro e (F) para falso:

   ( ) A adoção dos jogos nas aulas de Matemática tem grande aceitação pelos professores já atuantes.

   ( ) Os jogos popularmente conhecidos podem ser adaptados para as atividades das aulas de Matemática.

   ( ) Um jogo que exija maior número de conexões entre os conceitos matemáticos e o contexto deve ser aplicado com cuidado, de modo que respeite o nível de desenvolvimento da turma.

   ( ) Um professor teve problemas de saúde e faltou. A professora substituta escolheu rapidamente alguns jogos e os distribuiu na turma, cuidando para que fossem relacionados à matemática. O efeito foi ótimo, pois os alunos gostaram de jogar e a atividade ainda auxiliou a professora a desenvolver os conteúdos da aula

Agora, assinale a alternativa que apresenta a sequência correta:
a) V, F, F, V.
b) F, F, F, V.
c) V, V, F, F.
d) F, V, V, F.

2. Considere as afirmativas a respeito do uso de jogos no ensino da Matemática.

    I. O melhor jogo é aquele que possui conteúdo significativo, que é desafiador e que apresenta possibilidades de cooperação entre os participantes com relação às regras e suas consequências.
    II. Usar jogos em sala de aula promove o lançamento de desafios e instiga os alunos a buscarem estratégias para encontrar a solução do problema, o que vem ao encontro das abordagens que deslocam o professor da posição de monopolizador das atenções.
    III. Os jogos permitem tanto a apresentação de conceitos como a demonstração do nível de compreensão que o aluno conseguiu atingir no decorrer do estudo.
    IV. Não se recomenda o uso de jogos para a disciplina de Matemática, visto que esta desenvolve o raciocínio lógico-matemático.
    V. Para adotar o uso de jogos no ensino de Matemática, é preciso que o profissional tenha especialização em jogos matemáticos.

    Agora, assinale a alternativa que indica todas as afirmativas corretas:
    a) As afirmativas II, IV e V estão corretas.
    b) As afirmativas II e V estão corretas.
    c) As afirmativas I, II e III estão corretas.
    d) As afirmativas III, IV e V estão corretas.

3. A aplicação de jogos exige preparo adequado, o que implica cuidados a serem tomados pelo professor. Tendo em vista essa informação, analise as afirmações a seguir.

    I. O melhor jogo é aquele que é desafiador, que leva à cooperação e é significativo para o aluno.

II. A apresentação do jogo para os alunos é um momento de surpresa, em que eles descobrem as regras e começam a jogar.
III. Não há regras definidas para organizar a turma, mas é preciso cuidado com esse momento para que seja possível aproveitá-lo ao máximo.
IV. O tempo de jogo precisa considerar o ritmo de aprendizagem da turma, inclusive de alunos com maiores dificuldades.
V. O registro, por escrito, das estratégias usadas e dos resultados obtidos é importante para que, futuramente, seja utilizado em jogos ou em outros processos de ensino e aprendizagem.

Agora, assinale a alternativa que indica todas as afirmativas corretas:
a) As afirmativas I, II e III estão corretas.
b) As afirmativas III, IV e V estão corretas.
c) As afirmativas I, IV e V estão corretas.
d) As afirmativas I, III, IV e V estão corretas.

4. Considerando-se a Base Nacional Comum Curricular (BNCC), é possível afirmar que, atualmente, o uso de jogos no ensino de Matemática no contexto educacional brasileiro:

I. desenvolve a capacidade de criar e aplicar estratégias em diferentes ocasiões da vida.
II. articula conceitos e procedimentos de diferentes áreas, ajudando na construção de conhecimentos na matemática.
III. é destinado exclusivamente à absorção de conteúdos mais complexos.
IV. leva ao trabalho cooperativo e desenvolve a autoestima.

Agora, assinale a alternativa que indica todas as afirmativas corretas:
a) As afirmativas I, II e IV estão corretas.
b) Apenas a afirmativa III está correta.
c) As afirmativas II, III e IV estão corretas.
d) As afirmativas I e IV estão corretas.

5. Há uma série de jogos que pode ser adaptada de acordo com os conteúdos a serem desenvolvidos. Considerando essa informação, relacione os jogos listados às suas respectivas características.

(1) Boliche ( ) Envolve a resolução de equações de 1º grau.
(2) Corrida de obstáculos ( ) Aprende-se a marcar pontos no plano cartesiano.
(3) Batalha naval ( ) Deve-se relacionar as propriedades de lados e ângulos de polígonos.
(4) Capturando polígonos ( ) Resolução de operações matemáticas.

Agora, assinale a alternativa que apresenta a sequência numérica obtida:

a) 3, 1, 2, 4.
b) 2, 3, 4, 1.
c) 1, 4, 3, 2.
d) 4, 2, 1, 3.

Atividades de aprendizagem

Questões para reflexão

1. Para sistematizar e tornar mais prático o trabalho com jogos, elabore um quadro que contenha no mínimo 15 jogos relacionados ao ensino da Matemática. Use os que foram apresentados neste capítulo e pesquise outros para totalizar o mínimo solicitado. Apresente o nome do jogo, seus objetivos, o ano escolar a que se destina, o conteúdo que trabalha e suas características gerais.

2. Após os estudos deste capítulo, organize uma lista com, no mínimo, cinco argumentos a favor do uso de jogos nas aulas de Matemática.

Atividade aplicada: prática

1. O jogo de dominó é popularmente conhecido. Pesquise variações desse jogo para o ensino da Matemática, compare as versões e crie a sua própria variação. Convide alguém para jogar com você e veja o que funciona e o que pode dar errado. Ponha sua criatividade para funcionar!

Laboratório de Ensino de Matemática

A palavra *laboratório* traz em si o significado de *experienciar*. Quando tratamos disso com base no conhecimento cotidiano, corremos o risco de excluir a matemática das atividades de laboratório. Por outro lado, quando consideramos o ensino que busca colocar o aluno como protagonista e responsável pelo seu processo de aprendizagem, a ideia de laboratório faz muito sentido. Por isso, o objetivo deste capítulo é estudar os diferentes aspectos do uso do Laboratório de Ensino de Matemática (LEM) e sua importância para o aprendizado dessa disciplina no contexto atual.

No caso da Matemática, o laboratório está associado ao uso de materiais manipuláveis e adquiriu força na medida em que o contexto foi exigindo a busca de formas de ensinar e aprender. Nesse sentido, a competência 3, na Base Nacional Comum Curricular (BNCC), vem ao encontro dessa ideia quando indica que é preciso:

> Compreender as relações entre conceitos e procedimentos dos diferentes campos da Matemática (Aritmética, Álgebra, Geometria, Estatística e Probabilidade) e de outras áreas do conhecimento,

sentindo segurança quanto à própria capacidade de construir e aplicar conhecimentos matemáticos, desenvolvendo a autoestima e a perseverança na busca de soluções. (Brasil, 2018, p. 267)

Na BNCC, temos a indicação dos recursos, fato que justifica o uso do LEM:

> Além dos diferentes recursos didáticos e materiais, como malhas quadriculadas, ábacos, jogos, calculadoras, planilhas eletrônicas e *softwares* de geometria dinâmica, é importante incluir a história da Matemática como recurso que pode despertar interesse e representar um contexto significativo para aprender e ensinar Matemática. Entretanto, esses recursos e materiais precisam estar integrados a situações que propiciem a reflexão, contribuindo para a sistematização e a formalização dos conceitos matemáticos. (Brasil, 2018, p. 298)

Para os estudos deste capítulo, teremos como principal referencial teórico Sérgio Lorenzato (2012), cujo nome tem sido associado, diretamente e especialmente, às pesquisas sobre o ensino de Matemática e o uso de materiais manipuláveis.

6.1 O QUE É LABORATÓRIO DE ENSINO DE MATEMÁTICA?

Historicamente, temos momentos marcantes de transformação na educação e, no caso deste estudo, no ensinar e aprender Matemática. Nesse sentido, precisamos considerar que, segundo Lorenzato (2012), aprender os conceitos matemáticos e suas relações com os diversos contextos se torna mais fácil quando temos apoio em materiais que possam ser manipulados pelos alunos de alguma forma.

A fim de evidenciar as bases em que tais afirmações são feitas, vamos nos utilizar de um resumo histórico que Lorenzato (2012, p. 3-4) apresenta para relembrar alguns nomes importantes em suas épocas:

- Comenius, nos anos de 1650, defendia que o ensino deve dar-se do concreto ao abstrato.
- Locke, nos anos de 1680, defendia a necessidade da experiência sensível para conhecer.
- Rousseau, nos anos de 1750, recomendava a experiência direta sobre os objetos.
- Pestalozzi e Fröebel, nos anos de 1800, defendiam que o ensino deveria começar pelo concreto – observe que Comenius já defendia essa ideia em 1650.
- Dewey, nos anos de 1900, confirma o pensamento de Comenius, dando importância à experiência direta para o aprender.
- Poincaré, nos anos de 1900, defende a importância do uso de imagens para a compreensão dos conceitos matemáticos.

Entre outros autores, Lorenzato (2012) destaca ainda os nomes de Freinet e Claparède, que enfatizaram, respectivamente, a adoção de estratégias metodológicas que hoje fundamentam os **cantos de atividades** e a **inclusão do brinquedo no processo educativo**. Esse autor completa seu resumo incluindo pesquisadores da educação matemática que ganharam espaço em diferentes movimentos que têm em comum a oposição ao ensino tradicional de Matemática. Entre eles, estão os brasileiros Júlio César de Mello e Souza (que usava o pseudônimo *Malba Tahan*) e Manoel Jairo de Bezerra, cujas contribuições foram fundamentais para a divulgação dos materiais manipuláveis em prol de um ensino de matemática capaz de gerar pessoas autônomas, reflexivas, entre outras.

É importante termos uma visão histórica sobre o que vamos estudar para que possamos compreender melhor os motivos pelos quais chegamos ao contexto atual. Você percebeu que, no decorrer do século XX, foram grandes as transformações no modo de pensar o ensino da Matemática, apesar de as ações correspondentes terem sido lentas?

Assim, toda a turbulência do século XX tem algumas consequências interessantes sobre os estudos a respeito do ensino de Matemática. Entre as muitas pesquisas das últimas três décadas, podemos considerar que um dos resultados com destaque é o LEM.

6.1.1 Laboratório de Ensino de Matemática (LEM)

Lorenzato (2012) destaca que as concepções de LEM podem ser muitas, variando de acordo com o modo como a instituição vê a matemática ou, ainda, com o estágio de transformação da concepção tanto da matemática quanto do seu ensino. Nesse sentido, Lorenzato (2012, p. 7) concebe o LEM por diferentes perspectivas:

- um lugar para guardar materiais que possam ser usados nas aulas: livros, materiais manipuláveis, entre outros – um espaço para a matéria-prima da criação de instrumentos interessantes para as aulas;
- um lugar para alunos tirarem dúvidas, professores planejarem suas aulas e outras atividades, grupos de professores e alunos planejarem e criarem materiais e atividades que contribuam efetivamente com a prática pedagógica;
- um lugar em que o professor tenha fácil acesso a materiais que o ajudem a aproveitar não só as atividades que planejou, mas também aquelas imprevistas, resultantes da interação dos alunos com o professor e entre si.

Observa-se que o autor não se detém ou se prende em um único aspecto, e por isso busca sistematizar os conhecimentos a respeito do LEM, dizendo que "é uma sala-ambiente para estruturar, organizar, planejar e fazer acontecer o pensar matemático, é um espaço para facilitar, tanto ao aluno como ao professor, questionar, conjecturar, procurar, experimentar, analisar e concluir, enfim, aprender e principalmente aprender a aprender" (Lorenzato, 2012, p. 7).

> Aproveitando essa reflexão, podemos dizer que o LEM é um espaço de ensinar e aprender em que alunos e professores podem lançar questões ou ir em busca de respostas por meio da experiência e do uso das potencialidades referentes ao seu desenvolvimento e, assim, construir um conhecimento significativo para si, para os que os rodeiam e para a sociedade.

É comum que, ao falar de *LEM*, nossa primeira ideia seja relacionada a **materiais manipuláveis**, ou seja, aqueles materiais que, por vezes, chamamos, sem muita precisão, de *materiais concretos*. Em função de sua importância, é preciso refletirmos a respeito deles. Vamos começar pelas vantagens do uso de materiais dessa natureza. Matos e Serrazina (1996, citados por Silva; Nunes, 2011, p. 3) indicam algumas das vantagens na utilização de materiais manipuláveis:

> a) A possibilidade de o aluno construir relações com a Matemática;
>
> b) A interação com o material possibilita ao aluno momentos de reflexão, procura por respostas, formulação de soluções e criação de novos questionamentos;
>
> c) Um objeto pode ser utilizado para introduzir um conceito ou uma noção, servindo como ponto de apoio para as intervenções do professor;
>
> d) A manipulação e a reflexão sobre estes materiais podem ajudar os alunos na percepção de seus atributos e no teste de algumas propriedades;
>
> e) Os materiais manipuláveis proporcionam situações mais próximas da realidade, permitindo uma melhor compreensão dos problemas e facilitando a busca de soluções.

No entanto, os autores citados ainda alertam para as possíveis desvantagens desses objetos, visto que:

> a) Os alunos muitas vezes não relacionam as experiências concretas com a Matemática (escrita) formal;
>
> b) Não há garantia que os alunos vejam as relações nos materiais percebidas pelo educador;
>
> c) Pode haver uma distância entre o material concreto e as relações matemáticas, fazendo com que esse material tome as características de um símbolo arbitrário em vez de uma concretização natural. (Matos; Serrazina, 1996, citados por Silva; Nunes, 2011, p. 3)

Assim, Lorenzato (2012) chama a atenção para o seguinte raciocínio: é preciso ter consciência desses perigos, mas se deixar levar pelo medo contribui para que a mudança não venha. Então, podemos afirmar que o **dinamismo** e a **capacidade de questionamento** sempre devem estar presentes na ação do professor de Matemática. Contudo, como podemos construir um LEM? É o que vamos discutir a seguir.

6.2 A construção do Laboratório de Ensino de Matemática

A construção de um LEM pode ser encarada como um desafio, que pode trazer resultados visíveis em um espaço de tempo relativamente curto. Rosa Neto (2010) nos ajuda a pensar essa ação ao mencionar que essa elaboração pode se dar aos poucos e contar com a ajuda dos alunos, dos demais componentes da escola e dos pais. Além disso, Rosa Neto (2010) nos lembra de que o LEM pode incluir a organização de um **museu** e de uma **biblioteca**.

Assim, um LEM pode começar na sala de aula de uma turma ou de um professor e estender-se pela escola, de modo que todos possam se beneficiar dele. Contudo, essa construção não é um processo rápido e exige dinamismo para que aconteça aos poucos e evidencie seus resultados.

Rosa Neto (2010, p. 53) ainda nos alerta que é preciso ter "objetivos bem definidos e um plano para sequenciar, com bastante abertura, as ações que participam de determinada construção". Esse autor contribui com um questionamento importante: Manipular muitos objetos significa que a aprendizagem está sendo construída?

Esse autor alerta para não nos enganarmos quanto ao **empirismo** ou ao **construtivismo**. Manipular objetos, muitas vezes retirando informações, pode ser somente empírico. O construtivista tende a incentivar a pergunta a respeito do que se está estudando e propõe atividades que atendam às etapas do desenvolvimento do pensamento. Desse modo, o aluno pode construir um conhecimento novo com base na interação e nos conhecimentos que já possuía (Rosa Neto, 2010).

Assim, podemos entender que há uma concepção de educação e de desenvolvimento por trás dessa ideia, bem como da matemática e de sua relação com o contexto atual. Dessa forma, a construção de um LEM pode começar com um único professor que acredite nessa concepção; entretanto, para ser bem-sucedida precisará que outros atores sejam cativados (alunos, professores, direção, demais funcionários da escola, família).

Lorenzato (2012) enfatiza que o LEM gera a demanda **interdisciplinar** do contexto e é gerado por ela. Assim, o professor que utiliza esse recurso precisa organizar os alunos e encaminhá-los a buscar dados com os professores das demais áreas do conhecimento. Dessa forma, os conteúdos se entrelaçam, formam redes complexas e, assim, o que poderia ser mera repetição, passa a ter sentido.

Lorenzato (2012) também chama a atenção para o fato de que devemos ter claro a quem se destina o LEM. Se for para a educação infantil, devemos priorizar materiais e atividades que facilitem o desenvolvimento dos processos mentais básicos; se for para os anos iniciais do ensino fundamental, deve haver um forte apelo ao tátil e visual, de maneira que sejam ampliados conceitos, propriedades e linguagem matemática; se for para os anos finais do ensino fundamental, o apelo visual e tático deve permanecer, mas devemos incluir "aqueles materiais que desafiam o raciocínio lógico-dedutivo (paradoxos, ilusões de ótica) nos campos aritmético, geométrico, algébrico, trigonométrico, estatístico" (Lorenzato, 2012, p. 9-10). Se for para o ensino médio, deverão ser incluídos artigos de jornais ou revistas, desafios diversos, questões de vestibular, situações-problemas diversas.

Sobre os conteúdos de um LEM, Lorenzato (2012, p. 11) propõe uma lista interessante e que pode ser usada como referência:

- livros didáticos;
- livros paradidáticos;
- livros sobre temas matemáticos;
- artigos de jornais e revistas;
- problemas interessantes;

- questões de vestibulares;
- registros de episódios da história da matemática;
- ilusões de ótica, falácias, sofismas e paradoxos;
- jogos;
- quebra-cabeças;
- figuras;
- sólidos;
- modelos estáticos ou dinâmicos;
- quadros murais ou pôsteres;
- materiais didáticos industrializados;
- materiais didáticos produzidos pelos alunos e professores;
- instrumentos de medida;
- transparências, filmes, *softwares*;
- calculadoras;
- computadores;
- materiais e instrumentos necessários à produção de materiais didáticos.

Pare e pense sobre a possibilidade de construir um LEM para suas aulas. A sua concepção de matemática permite incluir o uso do LEM como algo cotidiano? Que passos já podem ser dados?

Indicações culturais

OLIVEIRA, R. R. M.; ZAIDAN, S. Um laboratório de matemática na escola. **Revista Brasileira de Educação Básica**. Disponível em: <https://rbeducacaobasica.com.br/um-laboratorio-de-matematica-na-escola/>. Acesso em: 26 abr. 2023.

Nesse site *você tem acesso a relatos de experiências com LEM.*

6.3 Elementos metodológicos do Laboratório de Ensino de Matemática para a prática pedagógica da matemática

De nada adianta o acúmulo de conhecimento sobre leis e teorias. É preciso que haja uma conexão íntima entre o que diz a teoria e o modo como isso se desenvolve na prática, desmitificando a ideia de que a teoria é uma e a prática é outra. Isso porque, em um contexto em que tudo está conectado, não se concebe a oposição entre teoria e prática. Na verdade, elas não se opõem, mas se complementam e se transformam continuamente.

Cabe aqui trazer a relação com as habilidades propostas na BNCC (Brasil, 2018, p. 309), a começar pela geometria:

> (EF07MA22) Construir circunferências, utilizando compasso, reconhecê-las como lugar geométrico e utilizá-las para fazer composições artísticas e resolver problemas que envolvam objetos equidistantes.
> [...]
>
> (EF07MA24) Construir triângulos, usando régua e compasso, reconhecer a condição de existência do triângulo quanto à medida dos lados e verificar que a soma das medidas dos ângulos internos de um triângulo é 180°.
>
> (EF07MA25) Reconhecer a rigidez geométrica dos triângulos e suas aplicações, como na construção de estruturas arquitetônicas (telhados, estruturas metálicas e outras) ou nas artes plásticas.

É importante destacarmos que o LEM pode contribuir muito com a formação do pensamento matemático voltado ao desenvolvimento de habilidades, como propõe a BNCC (2018, p. 313) para o 8° ano do ensino fundamental anos finais: "(EF08MA03) Resolver e elaborar problemas de contagem cuja resolução envolva a aplicação do princípio multiplicativo". Ou então:

(EF08MA20) Reconhecer a relação entre um litro e um decímetro cúbico e a relação entre litro e metro cúbico, para resolver problemas de cálculo de capacidade de recipientes.

(EF08MA21) Resolver e elaborar problemas que envolvam o cálculo do volume de recipiente cujo formato é o de um bloco retangular. (Brasil, 2018, p. 315)

É muito importante que você observe que estas são habilidades que declaradamente mostram o cotidiano sendo analisado e entendido com o suporte dos recursos do pensamento matemático e de metodologias do ensinar e aprender que permitem o pensar fora dos limites rígidos estabelecidos na educação tradicional, o que pode propiciar a formação integral dos alunos.

Para entender melhor essa ideia, observe a seguir alguns exemplos de atividades desenvolvidas no contexto de LEM.

6.4 Laboratório de Ensino de Matemática na relação teoria e prática: aplicações possíveis

As atividades propostas a seguir retratam experiências que já foram desenvolvidas por professores, pesquisadores. A nossa intenção é oferecer exemplos que despertem a inspiração e a reflexão sobre o LEM e a sua importância tanto para a formação do professor quanto para o desenvolvimento de habilidades que conduzam às competências vislumbradas para o ensino de Matemática.

6.4.1 Vestir bonecos

A atividade *Vestir bonecos* faz parte dos estudos de graduação de Moreira e Dias (2010).

Materiais:
- bonecos (menina ou menino) feitos de EVA e de palito de sorvete;
- três blusas e quatro calções desenhados em EVA – as blusas nas cores azul, roxa e vermelha;
- calças nas cores verde, branco, amarelo e azul.

Figura 6.1 – Materiais para o jogo Vestir bonecos

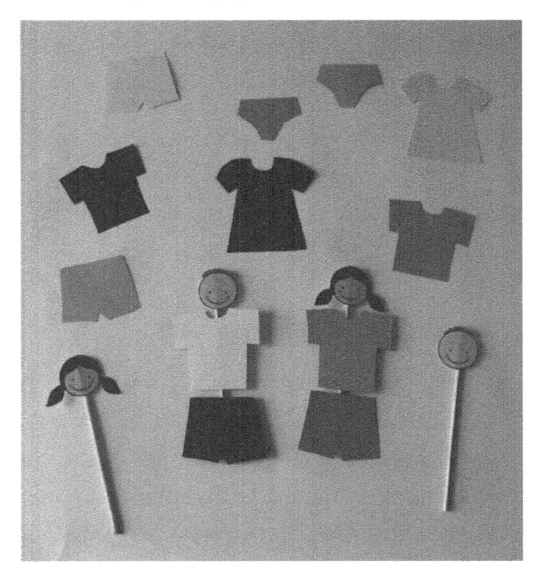

Regras:
- A turma deve ser organizada em duplas.
- Cada dupla deve receber quatro bonecos, três blusas e quatro calças; sendo as peças de roupas de cores distintas.
- Cada dupla deve vestir os bonecos com as roupas recebidas, efetuando o registro de todas as possibilidades encontradas.
- Os registros devem ser realizados com a enumeração das possibilidades, a montagem de uma tabela e de uma árvore das possibilidades; a solução final deve ser encontrada por meio do princípio multiplicativo.

Com atividades dessa natureza, você pode trabalhar conteúdos como a *combinatória* e a *probabilidade*, que devem estar presentes em todos os anos da educação básica, pois permitem o desenvolvimento da capacidade de ler a realidade considerando múltiplos aspectos e possibilidades de explicação.

Indicações culturais

UNICAMP – Universidade Estadual de Campinas. **Sobre o LEM**. Disponível em: <https://www.ime.unicamp.br/lem/sobre>. Acesso em: 26 abr. 2023.

Nesse site você encontra informações e muitos exemplos do uso do LEM no Instituto de Matemática, Estatística e Computação Científica da Unicamp. Vale a pena conhecer e conferir as informações.

6.4.2 Esportes *versus* atividades artísticas

A atividade aqui descrita faz parte do trabalho de conclusão de curso de Moreira e Dias (2010) e tem como objetivo principal o trabalho com a análise combinatória, pois fez "com que os alunos usassem a combinação para determinar de quantas maneiras diferentes eles podiam fazer uma atividade física e uma atividade artística juntas" (Moreira; Dias, 2010, p. 42).

Materiais:
- Para desenvolver essa atividade, você precisará de fichas de papel cartão, contendo figuras de modalidades de esportes e figuras de atividades artísticas, conforme mostra a Figura 6.2.

Procedimentos:
- Organizar a turma em duplas.
- Cada dupla deve receber duas fichas que contenham as modalidades de esporte e três fichas que contenham as atividades artísticas.

- Não poderá haver combinação de esporte com esporte nem de atividades artísticas com atividades artísticas.
- Cada dupla deve registrar as possíveis combinações por meio da enumeração de possibilidades, da montagem de uma tabela e de uma árvore das possibilidades, pelo princípio multiplicativo.

Figura 6.2 – Sugestão de figuras para combinar esportes versus atividades artísticas

lightpoet, Pressmaster, Ekaterina Pokrovskaya, Vereshchagin Dmitry e Oleg Mikhaylov/Shutterstock

6.4.3 Geoplano

O Geoplano é um instrumento simples, constituído por uma placa de madeira com pregos cravados, cuja organização se dá em linhas e colunas, formando uma malha. Observe a Figura 6.3.

Figura 6.3 – Malha do Geoplano

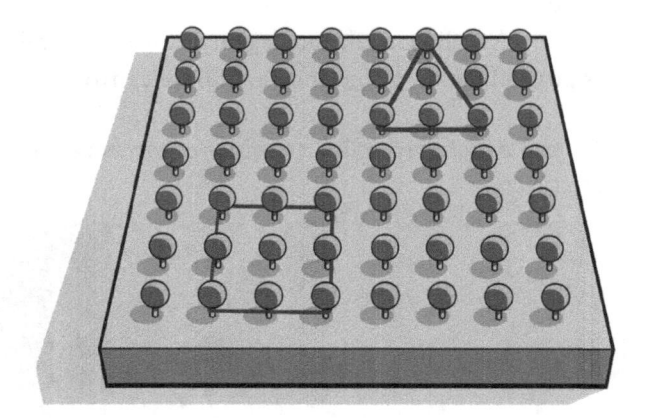

Para realizar essa atividade, você pode usar barbantes ou elásticos coloridos e, como a Figura 6.3 sugere, construir figuras poligonais, explorando os conceitos e os cálculos de **perímetro**, **área**, **arestas** e **vértices**, entre outras situações que envolvem a geometria plana. A utilização desse material facilita o desenvolvimento das habilidades de exploração espacial.

Sobre isso, Noé (2023a) afirma que:

> Não se constrói o conhecimento em Geometria através de metodologias mecânicas. A melhor forma de assimilar os conteúdos geométricos é através da manipulação, construção, exploração e representação das formas geométricas, e o Geoplano desenvolve de forma simples e direta todos esses princípios. [...] O uso do Geoplano pode ser iniciado juntamente com os princípios básicos de Geometria Plana, é notável a assimilação dos conteúdos geométricos por parte dos alunos, os resultados são realmente satisfatórios.

Na Figura 6.4, a seguir, você encontra alguns exemplos de polígonos que podem ser construídos no Geoplano.

Figura 6.4 – Exemplos de polígonos no Geoplano

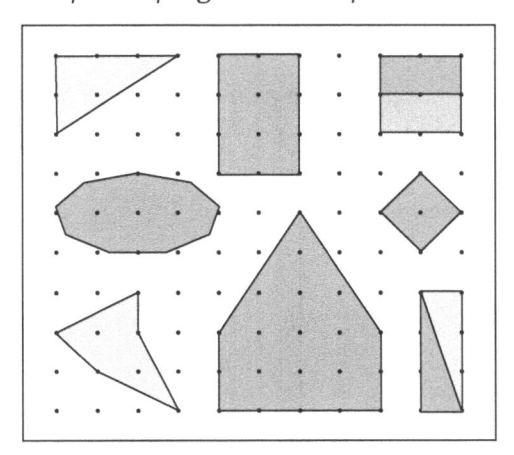

INDICAÇÕES CULTURAIS

NASCIMENTO, T. C.; NASCIMENTO, T. A.; SILVA, D. W. da. Atividades com geoplano – PIBID – UFS. ENCONTRO NACIONAL PIBID – MATEMÁTICA, 1., 2012, Santa Maria. **Anais...** Santa Maria: UFSM, 2012. Disponível em: <http://w3.ufsm.br/ceem/eiemat/Anais/arquivos/MDC/MDC_PIBID_Silva_Darlysson.pdf>. Acesso em: 26 abr. 2023.

Nesse artigo, você poderá conhecer mais sobre o Geoplano e encontrar mais atividades que podem ser realizadas com esse material manipulável.

6.4.4 Sólidos geométricos feitos com massinha e palitinho

A atividade a seguir utiliza materiais muito simples, como palitinhos de madeira e massinha de modelar, e você pode desafiar seus alunos a construírem sólidos geométricos utilizando esses materiais. Construir e manipular modelos de sólidos geométricos permite, por meio da comparação, explorar suas propriedades.

É muito importante ressaltar a presença dos sólidos geométricos em nosso cotidiano. Associe-os a objetos presentes na sala de aula, nos monumentos da cidade, nas obras de arte, enfim, em tudo o que constitui o ambiente que nos rodeia.

Figura 6.5 – Exemplos de sólidos geométricos construídos com massinha e palitinhos

Depois de construídos, mantenha os sólidos geométricos próximos, para que se possa recorrer a eles a qualquer momento durante as aulas.

Indicações culturais

BRITO, J. **Geometria com canudos**. Disponível em: <http://objetoseducacionais2.mec.gov.br/bitstream/handle/mec/10314/open/file/canudos.htm?sequence=18>. Acesso em: 26 abr. 2023.

Nesse link, você poderá encontrar mais informções mais sobre atividades de construção de sólidos geométricos.

POLIEDROS com varetas. 2008. Disponível em: <https://www.youtube.com/watch?v=AR-aF0JB6ik>. Acesso em: 26 abr. 2023.

Nesse link, você terá acesso a sugestões de formas de trabalho com a construção de poliedros.

6.4.5 Mistério das diagonais

A atividade *Mistério das diagonais* consiste na construção de um polígono regular por meio da utilização de barbantes, pregos, madeira e outros materiais simples. Fietz e Martins (2010) indicam que essa atividade seja realizada com alunos do 9º ano do ensino fundamental, pois a construção desse material, além de desenvolver habilidades manuais, permitirá que o grupo trabalhe com **geometria plana** e desenvolva a noção de **dedução matemática**.

Assim, podemos dizer que o objetivo desse material é desenvolver as noções de geometria plana por meio da construção de polígonos regulares, o que deverá ser feito com o uso de compasso e transferidor, identificando todas as diagonais de um polígono e relacionando-as com seus lados.

Materiais:
- compasso;
- transferidor;
- régua;
- barbante;
- prego;
- lápis;
- martelo;
- um pedaço de madeira – esse material deverá ser distribuído para cada trio de alunos.

Procedimentos:
- Cada grupo deverá sortear um polígono a ser construído.
- O primeiro desafio será como dividir os ângulos igualmente o material. Inicialmente, deve-se traçar uma circunferência de raio r (a ser determinado). Utilizando o transferidor, os alunos deverão dividir a circunferência em n partes iguais.

- Como haverá diversos polígonos (todos divisores de 360°), é possível que os grupos observem as diferenças entre as figuras.
- Feita a divisão, os grupos deverão pregar nos pontos encontrados e, com o barbante, traçar todas as diagonais do polígono (veja a Figura 6.6).

Figura 6.6 – Exemplo de polígono obtido com o cruzamento das diagonais

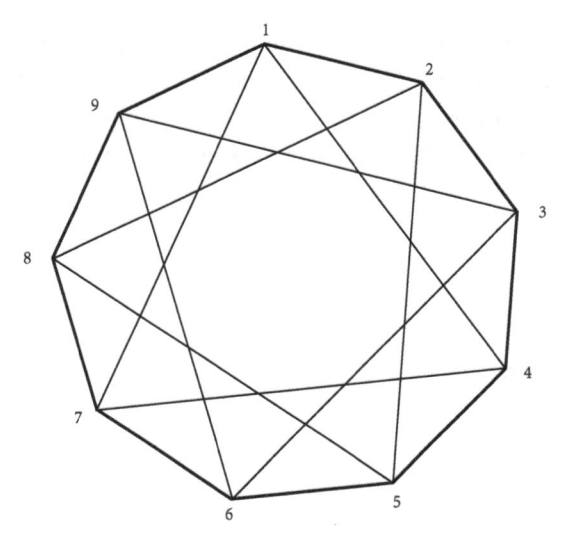

- Após a contagem, cada grupo deve apresentar o número de diagonais encontradas, para que a turma busque estabelecer uma relação entre o número de diagonais feitas em cada vértice e o número de lados do polígono.

Indicações culturais

SOUZA, J. V. B. de; ANUNCIAÇÃO, E. S. Fazendo diferente: ensino fundamental com materiais manipuláveis. In: ENCONTRO NACIONAL DE EDUCAÇÃO MATEMÁTICA, CULTURA E DIVERSIDADE, 10., 2010, Salvador. **Anais...** Disponível em: <http://www.gente.eti.br/lematec/CDS/ENEM10/artigos/MC/T3_MC1965.pdf>. Acesso em: 22 abr. 2016.

Nesse artigo você pode conhecer mais sobre o uso de materiais manipuláveis no ensino fundamental.

6.4.6 Discos de frações

Sarmento (2010) sugere os discos de frações como um material manipulativo de fácil confecção e de baixíssimo custo. Para construí-los, você precisará de papel cartão ou cartolina. Com o auxílio de um compasso, um transferidor e uma régua, os alunos fazem dez círculos de mesmo raio (8 cm, por exemplo) e cores diferentes, dividindo os discos em partes iguais de acordo com as frações desejadas, respeitando os ângulos corretos para que a divisão do discos atenda a igualdade das partes.

A Figura 6.7 apresenta os resultados esperados para essa atividade.

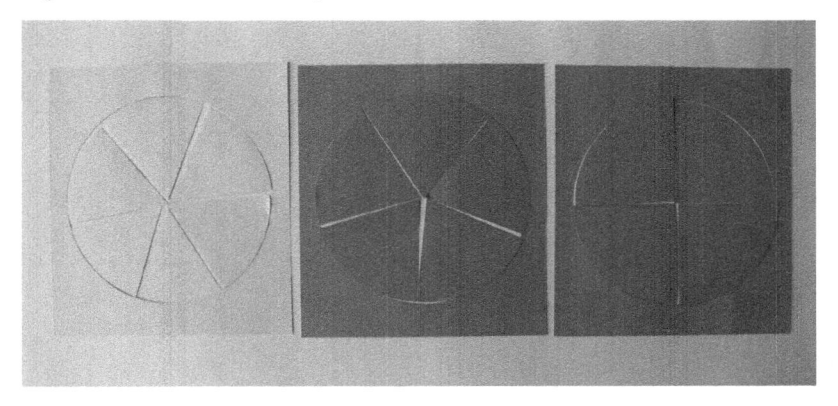

Figura 6.7 – Discos de frações

Você pode ter esse material sempre à mão e, por meio dele, trabalhar conceitos de **fração, equivalência, soma, subtração, números mistos**, entre outros. Sua criatividade será fundamental.

6.4.7 Tangram

Não há concordância total entre os pesquisadores quanto à origem histórica do Tangram, mas é fato que esse material sobreviveu culturalmente ao tempo e às diversas modificações contextuais. Santana et al. (2012, p. 5) nos dizem:

> O Tangram é um jogo milenar, mas também pode ser classificado como um quebra-cabeça, vale ressaltar algumas diferenças. Em um quebra-cabeça tradicional, para montá-lo, cada peça tem seu lugar fixo e o Tangram, além de possuir um número reduzido de peças, para cada figura montada elas assumem locais diferentes e para uma mesma figura podemos ter disposições diferentes.

Conforme podemos observar na Figura 6.8, o Tangram é composto por sete peças (dois triângulos grandes, dois triângulos pequenos, um triângulo médio, um quadrado e um paralelogramo).

Figura 6.8 – O Tangram

Segundo Santana et al. (2012), seria possível montar mais de 1.070 figuras com as 7 peças do Tangram. Na Figura 6.9, você encontra algumas delas. Encare-as como um convite a se debruçar sobre esse recurso tão desafiador.

Figura 6.9 – Algumas figuras possíveis com o Tangram

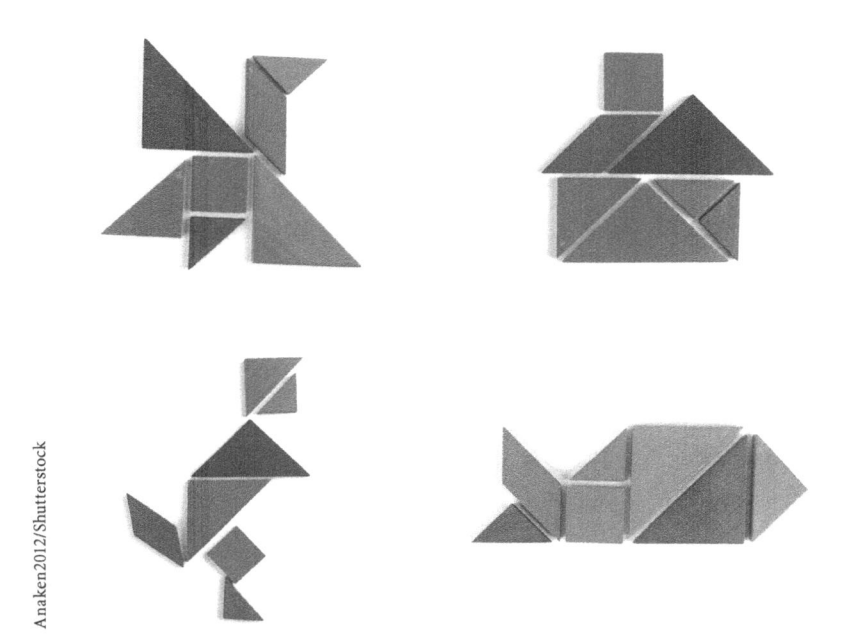

No entanto, o Tangram tem outras aplicações. Vejamos a atividade desenvolvida pela Professora Ivani Motta (2016), que faz parte do projeto *Teia do saber*, desenvolvido pela Universidade Estadual Paulista (Unesp).

A atividade que vamos mostrar é destinada ao 9º ano do ensino fundamental, pois utiliza operações com números naturais e inteiros. Motta (2006) iniciou a construção de uma figura por meio da utilização do Tangram de acordo com as seguintes orientações:

Procedimentos:
- Em um quadrado *ABCD*, traçar sua diagonal *DB*; marcar seu ponto médio *O* e traçar uma linha perpendicular a *DB*, em *O*, passando por *A*.
- Marcar os pontos médios: M, de DO; e N, de OB.
- Marcar os pontos médios: P, de DC; e Q, de CB. Traçar o segmento *PQ* e marcar seu ponto médio *R*.

- Traçar os segmentos *PM, OR* e *RN*.
- No papel quadriculado, construir dois Tangrams 4 × 4.
- Calcular a área de cada peça.
- Com as peças de um Tangram, formar um trapézio.
- Com as peças do outro dois Tangrams, formar um hexágono.

Observe que Motta (2016) integrou o jogo aos conceitos de área e também de *polígonos*, que estão muito presentes no cotidiano e, normalmente, incluídos em situações-problemas.

Indicações culturais

CONFECÇÃO do Tangram pelo método da dobradura. 2019. Disponível em: <https://www.youtube.com/watch?v=NWScmUQzT9Y>. Acesso em: 26 abr. 2023.

SOUZA, J. dos S.; SOUZA, D. L. S. de O.; SANTOS, D. B. **Subtração com Tangram**: desenvolvendo estratégias e trabalhando geometria e subtração por meio do jogo. Disponível em: <https://casilhero.com.br/ebem/mini/uploads/anexo_final/78480ca4d2d3fd23c81e9cedeeee9243.pdf>. Acesso em: 12 dez. 2022.

TANGRAM. Disponível em: <https://www.youtube.com/watch?v=JcJlejSfPZU>. Acesso em: 26 abr. 2023.

O Tangram nos permite o desenvolvimento de diferentes atividades. *Nesses* links *você encontrará muitas sugestões.*

6.4.8 Espaço e forma

Os materiais manipuláveis também permitem o estudo dos conceitos de espaço e forma, o que é pertinente, pois esses recursos se relacionam ao ambiente que nos cerca. A representação de objetos do cotidiano por meio da dobradura de papel e a inclusão de cortes contribui para o desenvolvimento do pensamento matemático, enfatizando a capacidade de buscar soluções para situações propostas.

Dobraduras e cortes

A ideia aqui é trabalhar com dobraduras simples de papel, às quais se aplicarão cortes. O objetivo é que o aluno investigue e construa alguns conceitos por meio dos resultados obtidos. A atividade a seguir foi apresentada na obra *Investigações matemáticas na sala de aula* (Ponte; Brocardo; Oliveira, 2003).

O material a ser usado é simples: uma folha de papel sulfite e uma tesoura. As atividades serão apresentadas a seguir conforme o número de dobragem e de cortes dados.

Procedimentos:
- **Uma dobradura e dois cortes** – Dobre a folha de papel sulfite ao meio em seu comprimento e ajuste bem os lados. Na linha da dobradura, corte triângulos equiláteros, isósceles e escalenos. Pegue os pedaços de papel que obteve, desdobre-os e diga quais formas geométricas foram obtidas. Peça aos alunos que registrem o que fizeram, seja por desenho, seja por texto. A seguir, desafie-os com a seguinte questão: Que cortes devem ser feitos para obter triângulos equiláteros, isósceles e escalenos, usando o mesmo papel sulfite dobrado ao meio?

  Peça que seus alunos desenhem um esboço, mostrando os cortes que fizeram, e que comentem as suas descobertas.

- **Mais dobraduras e um só corte** – A segunda proposta consiste em estimular os alunos a investigarem o que acontece quando fazem mais de uma dobradura, mantendo ajustados os lados da folha de papel.

  Para isso, você pode dar as seguintes instruções:
  - **Duas dobraduras**: Dobrar a folha ao meio no seu comprimento; em seguida, dobrá-la ao meio, mas na largura; ajustar bem os lados; localizar o ponto em que as duas dobraduras se encontram e fazer um único corte, como se estivesse tirando o bico por elas formado. Peça que os alunos registrem a figura que obtiveram e que comentem as descobertas.

Outro desafio nessa mesma condição pode ser: De que maneira podemos obter um quadrado? Para isso, você deve dar as seguintes instruções:

- **Três dobraduras:** A primeira, ao meio (no comprimento); a segunda, ao meio (na largura); para a terceira, escolher uma das pontas e dobrá-la para que forme um triângulo. A outra ponta deve ficar sem dobrar. Cortar uma única vez no local em que as três dobraduras se encontram.

    Pergunte qual figura os alunos obtiveram e o que deveriam fazer se quisessem obter um quadrado.

- **Quatro dobraduras:** Seguir os mesmos passos vistos no desafio anterior, contudo, dessa vez, a segunda ponta deve ser dobrada tal e qual a primeira. Efetuar o corte.

Peça que os alunos registrem e lancem explicações sobre os resultados obtidos.

A Tabela 6.1 pode ajudar o educando a sistematizar e comunicar os resultados da investigação. Peça que seus alunos a preencham cuidando da exatidão das informações solicitadas.

Tabela 6.1 – Modelo de tabela para o registro das atividades com dobraduras

NÚMERO DE DOBRADURAS	NÚMERO MÁXIMO DE LADOS
2	
3	
4	
5	

Para finalizar, peça aos alunos que expliquem a relação entre o número de dobraduras e o número máximo de lados da figura obtida. Sugerimos que você pratique essa atividade para que possa se colocar no lugar do aluno e prever as possíveis respostas e dificuldades que eles poderão enfrentar para que, assim, suas orientações sejam mais precisas e enriquecedoras.

6.4.9 Grandezas e medidas

Para ajudar nossos alunos a compreenderem e utilizarem grandezas e medidas, podemos propor atividades em ambientes externos, como o **salto em distância**. Para isso, basta criar algumas marcas no chão e ter à disposição uma trena e material para anotar.

O primeiro passo é organizar a turma em duplas. Cada aluno tem a sua vez de saltar. Quando um salta, o outro verifica o local em que o último colocou o pé e procede à medição, anotando o resultado.

Com os dados coletados, pode-se elaborar um gráfico, mostrando os resultados da turma. Em outro momento, os alunos podem organizar esses dados e comparar os resultados das meninas e dos meninos ou formar grupos de alunos com alturas próximas e construir um novo gráfico. O importante é que todos participem e que os resultados sejam discutidos e sistematizados.

Indicações culturais

D-20: GRANDEZAS e medidas: medir, estimar e comparar. 2012. Disponível em: <https://www.youtube.com/watch?v=FKzAvsw22r0>. Acesso em: 26 abr. 2023.

O vídeo sugerido apresenta o relato de atividades que utilizam diversos materiais manipuláveis e que levam à construção e à ampliação dos conceitos de medir, estimar e comparar. A construção de tais conceitos tem seu início na educação infantil e precisa ser consolidada nos anos finais do ensino fundamental.

6.4.10 O futebol, a geometria, as medidas e os ângulos

O estudo do campo de futebol pode nos ajudar a refletir sobre formas geométricas, ângulos, medidas, entre outros temas. Organize seus alunos em duplas ou trios e proponha a construção do desenho de um campo de futebol. Peça que descrevam o campo de futebol por meio de um texto ou exposição oral e então ofereça alguns materiais que forneçam informações sobre o campo, incluindo suas medidas.

Peça para que seus alunos observem o próprio desenho e avaliem se as proporções que atribuíram à divisão do campo estão coerentes. A seguir, proponha uma investigação sobre os nomes das figuras geométricas ali presentes e procure relacioná-las a objetos que estejam por perto (eles podem observar o local, pesquisar e indicar o que estão percebendo). Aproveite para incluir o trabalho com instrumentos comuns, como régua, compasso e transferidor.

Indicações culturais

CAMILO, C. Copa do mundo: entram em campo as relações geométricas. **Nova Escola**. n. 269, fev. 2014. Disponível em: <https://novaescola.org.br/conteudo/3466/copa-do-mundo-entram-em-campo-as-relacoes-geometricas#:~:text=Futebol%20e%20Matem%C3%A1tica%20t%C3%AAm%20tudo,s%C3%A3o%20estruturantes%20para%20um%20jogo>. Acesso em: 26 abr. 2023.

Aproveite e pratique as atividades propostas na reportagem a fim de preparar bem suas aulas. Essas atividades podem ser aplicadas para crianças tanto das séries iniciais quanto finais do ensino fundamental.

KSIASZCZYK, F. M. de A. **Laboratório de educação matemática**: possibilidade para a prática pedagógica transdisciplinar na formação docente. 161 f. Dissertação (Mestrado em Educação) – Universidade Federal do Paraná, Curitiba, 2021. Disponível em: <https://acervodigital.ufpr.br/handle/1884/74423>. Acesso em: 26 abr. 2023.

Essa dissertação apresenta os resultados de pesquisas da autora que foram para além da obtenção da titulação correspondente. Ela partiu da realidade em que trabalhava para compreender a extensão do trabalho com o LEM na formação dos professores.

MUSEU interativo de matemática. 2012. Disponível em: <https://www.youtube.com/watch?v=ej2Bk2TKxR8>. Acesso em: 26 abr. 2023.

Esse vídeo conta como se deu a construção de um museu interativo, resultado das várias pesquisas desenvolvidas a respeito do Laboratório de Ensino da Matemática (LEM).

Síntese

Neste capítulo, apresentamos o Laboratório de Ensino de Matemática (LEM) e os diferentes materiais manipuláveis para o desenvolvimento de atividades que promovam o pensamento matemático quanto ao espaço físico em que ocorrem as atividades e também as produções dos alunos no decorrer das aulas.

O LEM pode nascer de uma sala de aula e expandir-se pela escola, desde que haja o envolvimento crescente de professores e daqueles que cuidam do cotidiano escolar. Pudemos, assim, demonstrar a noção dos materiais que compõem o LEM, lembrando que a pesquisa e a criatividade dos professores e dos alunos são essenciais.

Por fim, apresentamos vários exemplos de atividades com materiais manipuláveis e de fácil execução. Demonstramos que todos os conteúdos pertinentes ao ensino fundamental podem ser trabalhados com o auxílio do LEM. Portanto, manipular materiais, construir objetos, comparar, propor novos modos de construção ou exploração de atividades podem ser desenvolvidos tanto com crianças quanto com adolescentes.

Sendo assim, é preciso que fique claro que a nossa intenção é despertar em você o desejo de saber mais, de tornar suas aulas interessantes e de aprender com este livro, com suas pesquisas e com seus alunos.

Atividades de autoavaliação

1. A atividade a seguir destina-se ao reconhecimento de figuras bi e tridimensionais. Observe o sólido indicado e procure imaginar a forma que ele adquire ao ser planificado (como ele ficará ao ser aberto e suas faces estiverem todas no mesmo plano).

A figura a seguir representa um sólido. Observe atentamente!

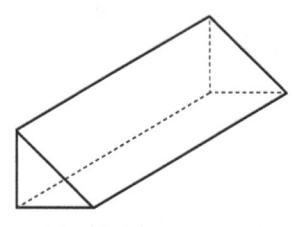

Marque a alternativa que representa uma possível planificação desse sólido.

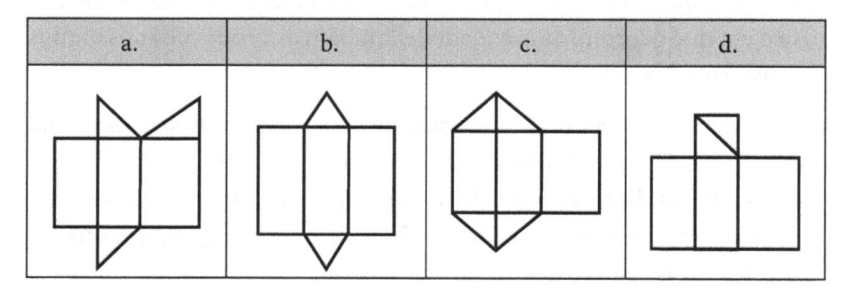

a.	b.	c.	d.

2. No jogo *Batalha naval*, os participantes precisam ter domínio do plano cartesiano e das coordenadas. Observe no plano cartesiano a seguir as coordenadas indicadas.

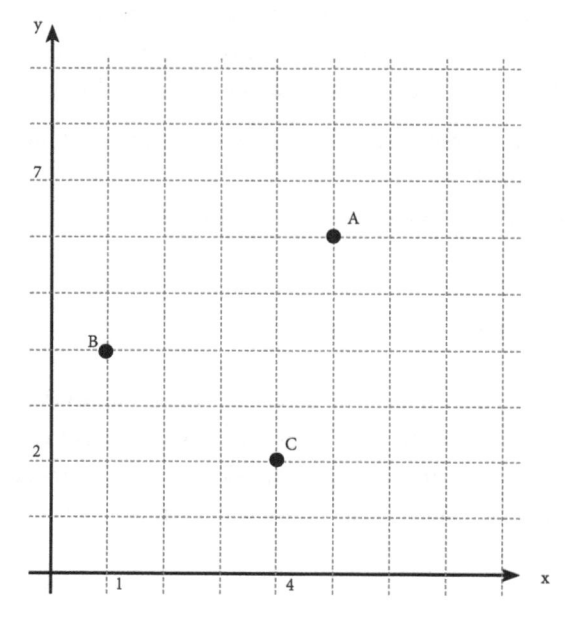

Considere as afirmativas a seguir.

I. O ponto A apresenta coordenadas (5,6).
II. O ponto C apresenta coordenadas (4,5)
III. O ponto B apresenta coordenadas (1,4)
IV. A união dos pontos A, B e C forma um triângulo.

Agora, assinale a alternativa que indica todas as afirmativas corretas:

a) As afirmativas III e IV estão corretas.

b) As afirmativas I, III e IV estão corretas.

c) As afirmativas II e III estão corretas.

d) As afirmativas I, II e III estão corretas.

3. O Laboratório de Ensino de Matemática (LEM), segundo as ideias de Lorenzato, pode ser entendido como:

   I. um espaço de estudo de matemática, podendo ter a presença de professores para tirar dúvidas.
   II. um espaço recreativo para ser usado em aulas vagas ou na ausência de um professor.
   III. um espaço para guardar materiais de modo acessível para ser usado nas aulas.
   IV. uma sala ambiente para estruturar, organizar, planejar e fazer acontecer o pensar matemático.

   Agora, assinale a alternativa que indica todas as afirmativas corretas:

   a) Apenas a afirmativa I está correta.

   b) Apenas a afirmativa II está correta.

   c) As afirmativas I, III e IV estão corretas.

   d) As afirmativas III e IV estão corretas.

4. Os materiais manipuláveis fazem parte do Laboratório de Ensino de Matemática (LEM). Sobre eles, pode-se afirmar:

   I. Facilitam a construção das relações entre os conceitos matemáticos.
   II. A manipulação dos objetos possibilita a percepção de seus atributos e propriedades.

III. O uso de materiais manipuláveis permite a melhor compreensão dos problemas, facilitando a proposição das soluções.

IV. Os materiais manipuláveis ajudam na construção de soluções e na formulação de novos questionamentos.

Agora, assinale a alternativa que indica todas as afirmativas corretas:

a) Apenas a afirmativa I está correta.
b) As afirmativas II e III estão corretas.
c) Apenas a afirmativa IV está correta.
d) Todas as afirmativas estão corretas.

5. As atividades desenvolvidas com o uso do Laboratório de Ensino de Matemática (LEM) são inúmeras. A seguir, relacione algumas dessas atividades às suas respectivas características.

(1) Geoplano ( ) Compreensão e utilização de grandezas e medidas.

(2) Sólidos geométricos ( ) Montagem de figuras utilizando-se as sete peças do jogo (figuras geométricas).

(3) Discos das frações ( ) Figuras da geometria plana para estudo de lado, vértice e perímetro.

(4) Tangram ( ) Montagem de estruturas utilizando-se palitos e bolinhas de massa.

(5) Salto em distância ( ) Construção de discos divididos em partes iguais.

Agora, assinale a alternativa que apresenta a sequência numérica obtida:

a) 2, 3, 1, 4, 5.
b) 4, 1, 2, 5, 4.
c) 3, 2, 4, 3, 1.
d) 5, 4, 1, 2, 3.

Atividades de aprendizagem

Questões para reflexão

1. Como você classificaria o sólido planificado da Questão 1 da seção "Atividades de autoavaliação": Bidimensional? Tridimensional? Por quê?

2. Desenvolva um pequeno texto explicando como os conteúdos nas Questões 1 e 2 da seção "Atividades de autoavaliação" podem ser relacionados ao uso do LEM.

3. Elabore um breve texto enumerando as vantagens do uso do LEM tanto no que se refere ao aprendizado da matemática pelo aluno como ao enriquecimento do trabalho do professor.

Atividade aplicada: prática

1. Trace uma reta vertical de segmento igual a 5 cm. Pense que essa reta é uma das diagonais de um quadrado. Trace sobre ela outra reta, de tal forma que esta seja a segunda diagonal do quadrado. Monte o quadrado. Agora:

    a) Explique os cuidados que precisou ter ao traçar as diagonais para obter esse quadrado.

    b) Qual figura geométrica obteve ao traçar as diagonais do quadrado?

    c) Trace novamente uma reta vertical de 5 cm e, sobre ela, trace uma segunda reta, que será a segunda diagonal de outro quadrilátero que não seja o quadrado. Registre, por meio de desenho, os resultados obtidos.

    d) Reflita sobre como poderia desenvolver essa atividade com seus alunos. Se fosse outro quadrilátero, como deveriam ser as diagonais? Escolha outro quadrilátero e demonstre, por meio de desenhos, esse estudo para os demais quadriláteros.

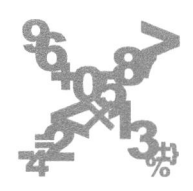

Considerações finais

O ensino da Matemática, no contexto atual, superou a transmissão autoritária e a recepção passiva do ensino tradicional. A demanda é a formação de cidadãos capazes de intervir em sua sociedade e, para tanto, eles precisam não apenas dominar o conhecimento, mas também percebê-lo na realidade que os cerca.

Desse modo, promover a capacidade de resolver problemas pressupõe o acesso a jogos, materiais manipuláveis, *softwares*, paradoxos, desafios, entre outros materiais, tendo em mente os principais aportes teóricos necessários ao desenvolvimento dos alunos de uma turma.

Nesse contexto, os materiais concretos formam hoje um conjunto aberto de recursos capazes de contribuir para a formação do pensamento matemático. Em função disso, defendemos o Laboratório de Ensino da Matemática (LEM) como um caminho profícuo para o ensino dessa disciplina e no qual o professor tem papel fundamental, pois, as decisões de base do semestre ou ano letivo partem dele.

Mesmo que mais tarde o professor divida a responsabilidades das escolhas com os alunos, é ele quem aponta as direções que considera fontes de bom conhecimento. Portanto, atualização, inconformidade com a ausência de movimento, vontade de saber mais e de pesquisar são características indispensáveis a um professor. Há muito o que caminhar, mas é certo que as reflexões aqui feitas serão caminho para seus passos e sua formação contínua como profissional.

Referências

Referências

ABREU, A. C. F. **O ensino e a aprendizagem de geometria com recurso a materiais manipuláveis**: uma experiência com alunos do 9º ano de escolaridade. Braga: Universidade do Minho, 2013. Disponível em: <https://repositorium.sdum.uminho.pt/bitstream/1822/29027/1/Relatorio_Andreia.pdf>. Acesso em: 10 abr. 2023.

ALVES, E. M. S. **A ludicidade e o ensino de matemática**: uma prática possível. 7. ed. Campinas: Papirus, 2012.

ALVES, J. P. **O uso do de ferramentas computacionais no processo de ensino aprendizagem da matemática**.17 f. Trabalho de Conclusão de Curso (Graduação em Computação) – Universidade Estadual da Paraíba, Patos, 2014.

ANASTÁCIO, L. R. Metodologias ativas x TDIC: entendendo conceitos. **Revista Ponte**, 8 mar. 2021. Disponível em: <https://www.revistaponte.org/post/metod-ativs-e-tdic-enten-concs>. Acesso em: 25 abr. 2023.

AZEVEDO, M. V. R. de. **Jogando e construindo matemática**: a influência dos jogos e materiais pedagógicos na construção dos conceitos em matemática. 2. ed. São Paulo: VAP, 1999a.

AZEVEDO, M. V. R. de. **Matemática através de jogos**. São Paulo: Atual, 1999b.

BEHRENS, M. A. **O paradigma emergente e a prática pedagógica**. 5. ed. Petrópolis: Vozes, 2011.

BOYER, C. B.; MERZBACH, U. C. **História da matemática**. Tradução de Helena Castro. São Paulo: Blücher, 2012.

BRASIL. Lei n. 9.394, de 20 de dezembro de 1996. **Diário Oficial da União**, Poder Legislativo, Brasília, DF, 23 dez. 1996. Disponível em: <https://www.planalto.gov.br/ccivil_03/leis/l9394.htm>. Acesso em: 8 nov. 2023.

BRASIL. Ministério da Educação. Secretaria de Educação Básica. **BNCC – Base Nacional Comum Curricular**. Brasília, 2018. Disponível em: <http://basenacionalcomum.mec.gov.br/images/BNCC_EI_EF_110518_versaofinal_site.pdf>. Acesso em: 10 abr. 2023.

BRASIL. Ministério da Educação. Secretaria de Educação Básica. Secretaria de Educação Continuada, Alfabetização, Diversidade e Inclusão. Secretaria de Educação Profissional e Tecnológica. Conselho Nacional da Educação. Câmara Nacional de Educação Básica. **Diretrizes Curriculares Nacionais Gerais da Educação Básica**. Brasília, 2013. Disponível em: <http://portal.mec.gov.br/index.php?option=com_docman&view=download&alias=15548-d-c-n-educacao-basica-nova-pdf&Itemid=30192>. Acesso em: 25 abr. 2023.

BRASIL. Ministério da Educação. Secretaria de Educação Fundamental. **Parâmetros Curriculares Nacionais**: terceiro e quarto ciclos do ensino fundamental – matemática. Brasília, 1998. Disponível em: <http://portal.mec.gov.br/seb/arquivos/pdf/matematica.pdf>. Acesso em: 10 abr. 2023.

BRITO, G. da S.; PURIFICAÇÃO, I. da. **Educação e novas tecnologias**: um (re)pensar. 2. ed. Curitiba: Ibpex, 2008.

BRITO, M. R. F. de (Org.). **Solução de problemas e a matemática escolar**. 2. ed. Campinas: Alínea, 2010.

CARVALHO, D. L. de. **Discutindo as tendências no ensino da matemática**. Disponível em: <http://www2.uesb.br/cursos/matematica/matematicavca/wp-content/uploads/conf_abert.pdf>. Acesso em: 8 nov. 2023.

CIEB – Centro de Inovação para a Educação Brasileira. **Referências para construção do seu currículo em tecnologia e computação da educação básica**. Disponível em: <https://curriculo.cieb.net.br/>. Acesso em: 25 abr. 2023.

D'AMBROSIO, U. **Educação matemática**: da teoria à prática. 2. ed. Campinas: Papirus, 1997.

D'AMBROSIO, U. História da matemática no Brasil: uma visão panorâmica até 1950. **Saber y Tiempo**, v. 2, n. 8, p. 7-37, jul./dez. 1999.

EDUMATEC. Educação Matemática e Tecnologia em Informática. **Softwares de geometria**. Disponível em: <http://www.mat.ufrgs.br/~edumatec/softwares/soft_geometria.php#cabr>. Acesso em: 15 set. 2023.

ESCOLA GAMES. **Casa de carne**. Disponível em: <http://www.escolagames.com.br/jogos/casaDeCarne/>. Acesso em: 26 abr. 2023.

FARDO, M. L. A gamificação aplicada em ambientes de aprendizagem. **Renote**, Porto Alegre, v. 11, n. 1, p. 1-9, jul. 2013. Disponível em: <https://seer.ufrgs.br/index.php/renote/article/view/41629>. Acesso em: 26 abr. 2023.

FIETZ, H. M.; MARTINS, S. L. S. Jogos e materiais manipulativos no ensino da matemática para o ensino fundamental. In: ENCONTRO REGIONAL DE ESTUDANTES DE MATEMÁTICA DO SUL, 16., 2010, Porto Alegre. **Anais...** Porto Alegre: PUCRS, 2010. p. 515-522. Disponível em: <https://editora.pucrs.br/anais/erematsul/minicursos/jogosemateriaismanipulativos.pdf>. Acesso em: 15 nov. 2023.

FIORENTINI, D.; MIORIM, M. Â. Uma reflexão sobre o uso de materiais concretos e jogos no ensino da Matemática. **Boletim da SBEM-SP**, São Paulo, ano 4, n. 7, jul./ago. 1990. Disponível em: <http://www.cascavel.pr.gov.br/arquivos/14062012_curso_47_e_51_-_matematica_-_emersom_rolkouski_-_texto_1.pdf>. Acesso em: 10 nov. 2023.

FLAVELL, J. H.; MILLER, P. H.; MILLER, S. A. **Desenvolvimento cognitivo**. Tradução de Cláudia Dornelles. 3. ed. Porto Alegre: Artmed, 1999.

FLEMMING, D. M.; LUZ, E. F.; MELLO, A. C. C. de. **Tendências em educação matemática**. 2. ed. Palhoça: UnisulVirtual, 2005.

FLORES, S. R. **Linguagem matemática e jogos**: uma introdução ao estudo de expressões algébricas e equações do 1º grau para alunos da EJA. 39 f. Dissertação (Mestrado Profissional em Matemática em Rede Nacional) – Universidade Federal de São Carlos, São Carlos, 2013. Disponível em: <https://repositorio.ufscar.br/handle/ufscar/5935>. Acesso em: 26 abr. 2023.

GEOGEBRA – Instituto GeoGebra no Rio de Janeiro. Disponível em: <http://www.geogebra.im-uff.mat.br/>. Acesso em: 26 abr. 2023.

GÓES, A. R. T.; GÓES, H. C. A expressão gráfica por meio de pipas na educação matemática. In: ENCONTRO NACIONAL DE EDUCAÇÃO MATEMÁTICA, 11., 2013, Curitiba. **Anais...** Curitiba: SBEM, 2013. Disponível em: <http://docplayer.com.br/4193128-A-expressao-grafica-por-meio-de-pipas-na-educacao-matematica.html>. Acesso em: 25 abr. 2023.

GÓES, A. R. T.; LUZ A. A. B. dos S. **A expressão gráfica no curso de Engenharia Civil por meio do desenho técnico**. In: SIMPÓSIO NACIONAL DE GEOMETRIS DESCRITIVA E DESENHO TÉCNICO. INTERNATIONAL CONFERENCE ON GRAPHICS ENGINEERING FOR ARTS AND DESIGN. 20., 9., 2011, Rio de Janeiro.

GÓES. H. C. **Expressão gráfica**: esboço de conceituação. 125 f. Dissertação (Mestrado em Ciências e Matemática) – Universidade Federal do Paraná, Curitiba, 2012. Disponível em: <http://www.exatas.ufpr.br/portal/degraf_adrianavaz/wp-content/uploads/sites/17/2014/11/ceg301_aula-2_Express%C3%A3o-gr%C3%A1fica_esbo%C3%A7o-de-conceitua%C3%A7%C3%A3o.pdf>. Acesso em: 25 abr. 2023.

GÓES, H. C.; LIBLIK, A. M. P. Releitura das obras de Kandinsky: a expressão gráfica no ensino fundamental. In: SIMPÓSIO NACIONAL DE GEOMETRIA DESCRITIVA E DESENHO TÉCNICO E INTERNATIONAL CONFERENCE ON GRAPHICS ENGINEERING FOR ARTS AND DESIGN, 20., 9., 2011, Rio de Janeiro. **Anais...** Disponível em: <https://docplayer.com.br/7764926-Releitura-das-obras-de-kandinsky-a-expressao-grafica-no-ensino-fundamental.html>. Acesso em: 8 nov. 2023.

GONÇALVES, A. M. H. **Tecnologias da informação e comunicação na educação**: o ensino da matemática mediado por jogos digitais. 45 f. Monografia (Especialização em Fundamentos da Educação: Práticas Pedagógicas Interdisciplinares) – Universidade Estadual da Paraíba, Patos, 2014. Disponível em: <http://dspace.bc.uepb.edu.br/jspui/bitstream/123456789/6747/1/PDF%20-%20Allan%20Missael%20Henriques%20Gon%C3%A7alves.pdf>. Acesso em: 25 abr. 2023.

GRANDO, R. C. **O conhecimento matemático e o uso de jogos na sala de aula**. 239 f. Tese (Doutorado em Educação) – Universidade Estadual de Campinas, Campinas, 2000. Disponível em: <https://repositorio.unicamp.br/acervo/detalhe/210144>. Acesso em: 26 abr. 2023.

GRAVINA, M. A.; SANTAROSA, L. M. A aprendizagem da matemática em ambientes informatizados. In: CONGRESSO IBERO-AMERICANO DE INFORMÁTICA NA EDUCAÇÃO, 4., 1998, Brasília. **Anais...** Brasília: Ribie, 1998. Disponível em: <http://www.ufrgs.br/niee/eventos/RIBIE/1998/pdf/com_pos_dem/117.pdf>. Acesso em: 25 abr. 2023.

GROENWALD, C. L. O.; SILVA, C. K. da; MORA, C. D. Perspectivas em educação matemática. **ACTA SCIENTIAE**, Canoas, v. 6, n. 1, p. 37-55, jan./jun. 2004. Disponível em: <http://www.periodicos.ulbra.br/index.php/acta/article/view/129>. Acesso em: 8 nov. 2023.

KALINKE, M. A. **Para não ser um professor do século passado**. Curitiba: Gráfica Expoente, 1999.

KAMII, C.; DECLARK, G. **Reinventando a aritmética**: implicações da teoria de Piaget. Tradução de Elenisa Curt. Campinas: Papirus, 1986.

KENSKI, V. M. **Educação e tecnologias**: o novo ritmo da informação. Campinas: Papirus, 2007.

LABORMAT – Laboratório do Curso de Licenciatura em Matemática. **Poly**. Disponível em: <http://ppgecim.ulbra.br/laboratorio/index.php/softwares-matematicos/poly/>. Acesso em: 26 abr. 2023.

LÉVY, P. **Cibercultura**. Tradução de Carlos Irineu da Costa. 2. ed. São Paulo: Ed. 34, 2000.

LIBÂNEO, J. C.; SANTOS, A. (Org.). **Educação na era do conhecimento em rede e transdisciplinaridade**. 3. ed. Campinas: Alínea, 2010.

LOPES, S. R.; VIANA, R. L.; LOPES, S. V. de A. **Metodologia do ensino de matemática**. Curitiba: Ibpex, 2007.

LORENZATO, S. (Org.). **O laboratório de ensino de matemática na formação de professores**. 3. ed. Campinas: Autores Associados, 2012.

LUZ, A. B. dos S. et al. **Tecnologia educacional e expressão gráfica no ensino de ciências e matemática**. Projeto Edupesquisa. Curitiba: UFPR/SME, 2015.

MALTEMPI, M. V. Prática pedagógica e as tecnologias de informação e comunicação (TIC). In: PINHO, S. Z. de (Coord.). **Oficinas de estudos pedagógicos**: reflexões sobre a prática do ensino superior. São Paulo: Cultura Acadêmica; Universidade Estadual Paulista, 2008. p. 153-165.

MIZUKAMI, M. da G. N. **Ensino**: as abordagens do processo. São Paulo: EPU, 1986.

MOL, R. S. **Introdução à história da matemática**. Belo Horizonte: Caed-UFMG, 2013.

MOREIRA, D. da S. C.; DIAS, V. M. **A importância dos jogos e dos materiais concretos na resolução de problemas de contagem no ensino fundamental**. 66. f. Monografia (Licenciatura em Matemática) – Faculdade Pedro II, Belo Horizonte, 2010. Disponível em: <http://www.fape2.edu.br/mono_1.pdf>. Acesso em: 26 abr. 2023.

MOTTA, I. A. R. **Tangram**. Projeto Teia do saber. Guaratinguetá: Secretaria de Educação do Estado de São Paulo, 2006.

NOÉ, M. **Geoplano**. Disponível em: <http://educador.brasilescola.com/estrategias-ensino/geoplano.htm>. Acesso em: 26 abr. 2023a.

NOÉ, M. **Softwares matemáticos**. Disponível em: <https://educador.brasilescola.uol.com.br/estrategias-ensino/softwares-matematicos.htm>. Acesso em: 12 dez. 2023b.

NOGUEIRA, C. M. I.; BELLINI, M.; PAVANELLO, R. M. **O ensino de matemática e das ciências naturais nos anos iniciais na perspectiva da epistemologia genética**. Curitiba: CRV, 2013.

OLIVEIRA, R. G. de Integração de tecnologias de informação e comunicação (TICs) em educação a partir do estágio curricular supervisionado de futuros professores de Matemática. **Revista Areté**, Manaus, v. 5, n. 8, p. 55-71, jan./jul. 2012. Disponível em: <https://www.yumpu.com/pt/document/read/26883914/integracao-de-tecnologias-de-informacao-e-comunicacao-tics>. Acesso em: 25 abr. 2023.

PACIEVITCH, T. **Tecnologia da informação e comunicação**. Disponível em: <http://www.infoescola.com/informatica/tecnologia-da-informacao-e-comunicacao/>. Acesso em: 25 abr. 2023.

PAPERT, S. M. **A máquina das crianças**: repensando a escola na era da informática. Tradução de Sandra Costa. Porto Alegre: Artmed, 2008.

PARANÁ. Secretaria da Educação. **Batalha naval com coordenadas cartesianas**. Disponível em: <http://www.matematica.seed.pr.gov.br/arquivos/File/jogos/tabuleiro_batalha_naval.pdf>. Acesso em: 26 abr. 2023a.

PARANÁ. Secretaria da Educação. **Jogo multiplicativo**. Disponível em: <http://www.matematica.seed.pr.gov.br/arquivos/File/Jogo_multiplicativo_tabuleiro.pdf>. Acesso em: 26 abr. 2023b.

PARANÁ. Secretaria da Educação. **Jogo para sala**: bingo com números inteiros. Disponível em: <http://www.matematica.seed.pr.gov.br/modules/conteudo/conteudo.php?conteudo=223>. Acesso em: 26 abr. 2023c.

PARANÁ. Secretaria da Educação. **Jogo para sala**: Contig 60. Disponível em: <http://www.matematica.seed.pr.gov.br/modules/conteudo/conteudo.php?conteudo=52>. Acesso em: 26 abr. 2023d.

PARANÁ. Secretaria da Educação. **Tênis matemático faz sucesso e aluno do sexto ano sugere adaptação**. Disponível em: <http://www.stlpinhaldavarzea.seed.pr.gov.br/modules/noticias/article.php?storyid=45>. Acesso em: 14 mar. 2016.

PIAGET, J. **Problemas de psicologia genética**. Tradução de Nathanael C. Caixeiro, Zilda Abujamra Daeir e Célia E. A. Di Piero. São Paulo: Abril Cultural, 1975. (Coleção Os Pensadores, v. 5).

PIAGET, J. **Psicologia e pedagogia**. Tradução de Dirceu A. Lindoso e Rosa M. R. da Silva. 4. ed. Rio de Janeiro: Forense Universitária, 1976.

PINTO, N. B. Marcas históricas da matemática moderna no Brasil. **Revista Diálogo Educacional,** Curitiba, v. 5, n. 16, p. 25-38, set./dez. 2005. Disponível em: <https://repositorio.ufsc.br/handle/123456789/156658>. Acesso em: 8 nov. 2023.

PONTE, J. P. da; BROCARDO, J.; OLIVEIRA, H. **Investigações matemáticas na sala de aula.** Belo Horizonte: Autêntica, 2003.

PRENSKY, M. Nativos digitais, imigrantes digitais. **The Orizon,** v. 9, n. 5, out. 2001. Tradução de Roberta de Moraes Jesus de Souza. Disponível em: <https://mundonativodigital.files.wordpress.com/2015/06/texto1nativosdi gitaisimigrantesdigitais1-110926184838-phpapp01.pdf>. Acesso em: 25 abr. 2023.

ROSA, A. C. M. et al. Ensino e educação: uso da gamificação na matemática. **Revista Científica Multidisciplinar Núcleo do Conhecimento,** ano 6, v. 8, n. 5, p. 40-68, maio 2021. Disponível em: <https://www.nucleodo conhecimento.com.br/educacao/gamificacao-na-matematica>. Acesso em: 26 abr. 2023.

ROSA NETO, E. **Didática da matemática.** 12. ed. São Paulo: Ática, 2010.

SAMPAIO, P. A. da S. R.; COUTINHO, C. M. G. F. P. Ensinar matemática com TIC: em busca de um referencial teórico. **Revista Portuguesa de Pedagogia,** ano 46-II, p. 91-109, 2012. Disponível em: <https://repositorium.sdum.uminho.pt/bitstream/1822/25887/1/2013-Ensinar%20 Matem%C3%A1tica%20com%20TIC-em%20busca%20de%20um%20 referencial%20te%C3%B3rico.pdf>. Acesso em: 25 abr. 2023.

SANTANA, D. F. et al. Construindo figuras com o Tangram nos anos iniciais. In: ENCONTRO NACIONAL PIBID – MATEMÁTICA, 1., 2012, Santa Maria. **Anais...** Santa Maria: UFSM, 2012. Disponível em: <http://w3.ufsm. br/ceem/eiemat/Anais/arquivos/RE/RE_Santana_Danielly.pdf>. Acesso em: 26 abr. 2023.

SANTOS, T. W.; SÁ, R. A. de. **Formação continuada de professores, tecnologias digitais e o pensamento complexo.** Curitiba: Appris, 2022.

SARMENTO, A. K. C. A utilização dos materiais manipulativos nas aulas de matemática. In: ENCONTRO DE PESQUISA EM EDUCAÇÃO, 6., 2010, Teresina. **Anais...** Disponível em: <http://leg.ufpi.br/subsiteFiles/ppged/arquivos/files/VI.encontro.2010/GT_02_18_2010.pdf>. Acesso em: 26 abr. 2023.

SILVA, M. V. da et al. A expressão gráfica no ensino de matemática por meio de maquete. In: ENCONTRO NACIONAL DE EDUCAÇÃO MATEMÁTICA, 10., 2010, Salvador. **Anais...** Salvador: SBEM, 2011. Disponível em: <https://docplayer.com.br/6777624-A-expressao-grafica-no-ensino-da-matematica-por-meio-de-maquete.html>. Acesso em: 8 nov. 2023.

SILVA, V. L. da; NUNES, M. da. Utilização de jogos e materiais manipuláveis para a construção de conhecimento sobre poliedros regulares. CONFERÊNCIA INTERAMERICANA DE EDUCAÇÃO MATEMÁTICA – CIAEM, 13., 2011, Recife. **Anais...** Disponível em: <http://www.facitec.br/revistamat/download/artigos/artigo_valer_utilizacao_de_jogos_e_materiais_manipulaveis_para_a_.pdf>. Acesso em: 17 mar. 2016.

SMOLE, K. S.; DINIZ, M. I.; CÂNDIDO, P. **Brincadeiras infantis nas aulas de matemática**. Porto Alegre: Artmed, 2000.

SMOLE, K. S.; DINIZ, M. I.; MILANI, E. **Jogos de matemática**: de 6º a 9º ano. Porto Alegre: Artmed, 2007. (Cadernos do Mathema, v. 2).

SOUSA, P. M. L. de. **O ensino da matemática**: contributos pedagógicos de Piaget e Vygotsky. Disponível em: <http://www.psicologia.pt/artigos/textos/A0258.pdf>. Acesso em: 25 abr. 2023.

SOUZA, G. M. de. **Felix Klein e Euclides Roxo**: debates sobre o ensino de matemática no começo do século XX. 84 f. Dissertação (Mestrado em Matemática) – Universidade Estadual de Campinas, Campinas, 2010. Disponível em: <https://www.crephimat.com.br/docs/DP/DP-HEdM/2010%20-%20MP%20-%20Souza_GiseliMartinsde_M.pdf>. Acesso em: 10 abr. 2023.

TURRIONI, A. M. S. **O Laboratório de Educação Matemática na formação inicial de professores**. 175 f. Dissertação (Mestrado em Educação Matemática) – Universidade Estadual Paulista, Rio Claro, 2004. Disponível em: <https://repositorio.unesp.br/bitstreams/8065737c-b131-4bfc-9115-b79c187f09d2/download>. Acesso em: 8 nov. 2023.

VESCE, G. E. P. **Softwares educacionais**. Disponível em: <http://www.infoescola.com/informatica/softwares-educacionais/>. Acesso em: 25 abr. 2023.

WERNECK, A. P. T. **Euclides Roxo e a reforma Francisco Campos**: a gênese do primeiro programa de ensino de matemática brasileiro. 122 f. Dissertação (Mestrado em Educação Matemática) – Pontifícia Universidade Católica de São Paulo, São Paulo, 2003.

Bibliografia comentada

ALVES, E. M. S. **A ludicidade e o ensino de matemática**: uma prática possível. 7. ed. Campinas: Papirus, 2012.

Essa obra apresenta a fundamentação teórica que justifica o uso do jogo no ensino de Matemática por meio do resgate histórico da educação e das diferentes visões a respeito do uso de jogos em diversos períodos. Também são apresentadas sugestões de atividades lúdicas diversas e de fácil acesso.

AZEVEDO, M. V. R. de. **Jogando e construindo matemática**. 2. ed. São Paulo: VAP, 1999.

Nesse livro, a autora apresenta reflexões a respeito do uso de materiais no ensino de Matemática, articulando sua reflexão com os posicionamentos dos educadores nos diferentes momentos históricos. A obra contém um capítulo exclusivo sobre jogos, no qual se destacam os conjuntos de contribuições de Piaget e Vygotsky. Por fim, ela apresenta sugestões de construção e uso de materiais pedagógicos e jogos no ensino da Matemática. O texto é denso, mas de fácil compreensão.

LORENZATO, S. (Org.). **O laboratório de ensino de matemática na formação de professores**. 3. ed. Campinas: Autores Associados, 2012.

Nessa obra, são apresentados os conceitos básicos para que um professor de Matemática possa compreender o que significa utilizar materiais manipuláveis nessa disciplina, bem como a proposta do Laboratório de Ensino de Matemática (LEM). Os autores apresentam, além da conceituação, ideias a respeito da trajetória a ser seguida para a construção e implementação do LEM numa escola. Além disso, enriquecem a obra com a inclusão de relatos a respeito de estudos e de implementação do LEM em escolas. A leitura é prazerosa e rica em sugestões de atividades.

Respostas

Capítulo 1

Atividades de autoavaliação

1. b
2. a
3. d
4. a
5. b

Capítulo 2

Atividades de autoavaliação

1. d
2. b
3. a
4. c
5. d

Capítulo 3

Atividades de autoavaliação

1. a
2. d
3. d
4. a
5. b

Capítulo 4

Atividades de autoavaliação

1. a
2. b
3. a
4. b
5. c

Capítulo 5

Atividades de autoavaliação

1. d
2. c
3. d
4. a
5. b

Capítulo 6

Atividades de autoavaliação

1. b
2. b
3. c
4. d
5. d

Sobre os autores

Líliam Maria Born é licenciada em Ciências com habilitação em Química, bacharel em Química e especialista em Didática do Ensino Superior, todos pela Pontifícia Universidade Católica do Paraná (PUCPR). Especialista em Currículo e Prática Educativa pela Pontifícia Universidade Católica do Rio de Janeiro (PUCRJ), mestre (2003) e doutora (2020) em Educação pela PUCPR. Atualmente, é professora em instituições de ensino superior, tanto presencial como a distância, e trabalha com consultoria em educação tanto escolar como corporativa. Tem experiência na área de educação, atuando principalmente nos seguintes temas: Metodologia de Ensino de Ciências e de Matemática, Metodologias Ativas, Complexidade, Educação Ambiental, Pedagogia de Projetos, Paradigmas da educação e Metodologia da Pesquisa.

Paulo Martinelli tem mestrado em Informática Aplicada pela Pontifícia Universidade Católica do Paraná (PUCPR); pós-graduação em Processamento de Dados, em Sistemas, Organização e Métodos e em Didática no Ensino Superior; e graduação em Matemática pela PUCPR. Coordenou cursos de Licenciatura e Bacharelado em Matemática, Física e Química na modalidade EAD do Centro Universitário Internacional Uninter. Tem experiência como diretor administrativo/pedagógico e coordenador dos cursos de Tecnologia em Redes de Computadores e Bacharelado em Sistemas de Informação. Atua na área do ensino superior há mais de 28 anos na modalidade presencial e, nos últimos 15 anos, na modalidade EAD nos cursos de Gestão, Matemática, Física, Química, Estatística e Tecnologia da Informação. É consultor em Tecnologia da Informação para Gestão Educacional e Empresarial.

Impressão:
Janeiro/2024